香港四季色

《香港四季色 —— 身邊的植物學：秋》
作者：劉大偉、王天行、吳欣娘
編輯：王天行
3D 模型師：王顥霖

封面及內頁插畫：陳素珊
詞彙表繪圖：潘慧德

國際統一書號 (ISBN)：978-988-237-303-7

出版：香港中文大學出版社
香港新界沙田·香港中文大學
傳真：+852 2603 7355
電郵：cup@cuhk.edu.hk
網址：cup.cuhk.edu.hk

Botany by Your Side: Hong Kong's Seasonal Colours—Autumn
By David T. W. Lau, Tin-Hang Wong and Yan-Neung Ng
Editor: Tin-Hang Wong
3D Modeler: Ho-lam Wang

Cover and inside page Illustrations: Sushan Chan
Glossary Illustrations: Poon Wai Tak

ISBN: 978-988-237-303-7

Published by The Chinese University of Hong Kong Press
The Chinese University of Hong Kong
Sha Tin, N.T., Hong Kong
Fax: +852 2603 7355
Email: cup@cuhk.edu.hk
Website: cup.cuhk.edu.hk

香港四季色

─身邊的植物學─

劉大偉、王天行、吳欣娘 編著

王顥霖 3D 模型繪圖製作

03

秋

目錄

黃色系

嶺南山竹子/p.2

木麻黃/p.6

烏柿/p.10

白楸/p.14

台灣相思/p.18

銀柴/p.22

綠色系

山油柑/p.26

對葉榕/p.30

印度橡樹/p.34

榕樹/p.38

青果榕/p.42

楊桃/p.46

幌傘楓/p.50

大葉合歡/p.54

圓柏/p.58

黑／白色系

 白千層 /p.62　　香港大沙葉 /p.66　　 樟 /p.70　　 陰香 /p.74　　 梅葉冬青 /p.78

紫色系

 簕杜鵑 /p.82

紅色系

 紅花羊蹄甲 /p.86　　 九節 /p.90　　 假蘋婆 /p.94　　 高山榕 /p.98

序

劉大偉

香港中文大學生命科學學院
胡秀英植物標本館館長

小時候我最喜愛的夏日甜點是涼粉，皆因其清涼及爽彈的口感，於是一直很好奇它的製作材料是什麼。到大學時代我參加了草藥班，才發現拿來製作黑涼粉的食材就是草本植物涼粉草，製作白涼粉的是攀援灌木薜荔，認識了這些物種的植物分類、藥物應用和食用價值的範疇後，自此每每遇見這些品種時，都別具親切感。

那麼，植物在我們心中有何角色？一般而言，大眾也許會把植物與人類的生產工具、食物、藥物、休憩場地，甚至跟朋友聯想在一起。從科學上去理解，植物是與人類共存及共同進化的生物。不論如何去理解，植物每天總會在我們身邊出現，是我們生活的必需品，甚至意想不到地能救我們一命。

涼粉草

薜荔

植物的存在如此重要，小時候雖然學校有教授自然課，但往後我們能認識植物的機會卻寥寥可數，大部分市民對植物都感到一定的陌生。要改變這種現況不容易，皆因植物學並非一門能讓人賺錢的學問，難以提起學生的興趣，植物學中的分類及鑒定目前更處於式微之際。事實上，增進大眾植物學的知識能令自然生態、食物來源、藥物開發得以持續發展，我們有必要加深了解及應用這門基礎科學，讓知識得以傳承下去。

擁有豐富的植物物種和生態環境，正是香港植物多樣性的特點，為研究、保育及教育提供了十分優良的條件。由於多樣性的植物是香港的寶貴資源，順理成章成為胡秀英植物標本館最佳的研究和出版題材。它們生長於郊

區、市區、行人道旁、公園、校園等空間，是我們每天都能接觸到和與之互動的。能進一步認識這些本地的物種，尤其是正確名稱、生長狀態、花果期、生態、民俗植物學、趣聞等資訊，都有助我們去了解和欣賞身旁的一草一木，人與植物共融生活在同一社區內，亦是保育生物多樣性的先決條件。

位於中文大學校園這個小社區內，已記錄超過300種植物品種，包括原生及觀賞種，組成不同類型的植被：次生林、河旁植被、草坡、農地、庭園、藥園等，在中大校園內遊覽，已經可以學習到豐富的植物物種。多樣化的物種所展現的花、果、葉各種色彩，使校園像一幅不同色系的風景畫般，隨著四季變換持續地帶給我們新鮮感，這正是中大校園的特色及悠然之處。

本套書以四季做為分冊，輯錄了香港市區及郊野常見的100種植物，亦是生長在中大校園內的主要品種，以開花季節、花色、果色、葉色做為索引，讀者即使不清楚植物的名稱，循線便可尋得品種及其科學資訊。更可透過本館所製作果實和種子的高清3D結構模型圖，以及由VR記錄的生長狀況，用嶄新的角度去認識植物。本書及本館的網上資料庫，糅合欣賞、科研和學習的功能，讀者於不同季節到訪中文大學，都可運用本書為導覽，親身欣賞到各種植物的自然生長環境和開花結果的情況，並與書做對照。

植物一直默默陪伴在身邊而我們卻總是視而不見，期待本書能重新把人和植物連結起來；只要我們用心顧盼，越是了解便越會尊重與珍視植物，使得香港植物的多樣性能一直保存下去。

關於本書

有別於一般專業植物分類學鑒別圖鑑,本書透過淺白的文字,以植物在季節的突出顏色變化,為大眾市民探索一直與我們一起生活的100種植物。當中包括原生及外來的不同品種,喬木、灌木及攀援等不同的生長形態,具有比彩虹七色更豐富的不同色彩。還為每個品種的葉、花、果及莖或樹幹的簡易辨認特徵,配以相關辨認特徵的高清照片,讓讀者更容易在香港各種類型的社區裏尋找到它們的蹤影。本書有助大眾了解植物分類學及增進生物多樣性的基礎知識。

本書特點

- **如何快速查找植物**:按季節分成春、夏、秋、冬四冊,每冊依據各品種最為突出的顏色(花色、果色或葉色):紫、紅、橙、黃、綠、白或灰色系編排,讓讀者便捷地找到相關品種的資料,以直觀的方式代替傳統的科學分類檢索方法。
- **關於每個品種,你會學到**:以四頁篇幅介紹每個品種,包括:品種的中英文常用名稱、學名與科名;「關於品種」扼要描述品種的用途、民俗植物知識等;「基本特徵資料」條列各品種的生長形態、葉、花、果的形狀和顏色等辨認特徵。每個品種均配上大量以不同角度與焦距拍攝的照片,清楚展示植物結構,輔以簡明的圖說,介紹品種的生長特徵和環境。
- **增加中英文詞彙量**:附有植物特徵的中英文詞彙,認識植物學之餘同時輕鬆學習相關詞彙。
- **數碼互動**:每個品種均有「植物在中大」和「3D植物模型」二維碼,透過數碼互動媒體,讀者能觀賞到植物所處的生態環境,和果實種子等的立體結構、大小和顏色。

🍂 秋季

秋季是不少植物的結果期,因此本冊除了秋季開花的8個品種,花色包括黃、綠、白、紫、紅等色系外,還收錄了具顯著果色的17個品種,包括黃、綠、黑及紅等色系,全冊共載25種。

本書使用的分類系統以被子植物APG IV分類法為準,植物學名、特徵及相關資訊的主要參考文獻:

- 中國科學院植物研究所系統與進化植物學國家重點實驗室:iPlant.cn植物智
  https://www.iplant.cn/
- Hong Kong Herbarium: HK Plant Database
  https://www.herbarium.gov.hk/en/hk-plant-database
- Missouri Botanical Garden: Tropicos
  https://www.tropicos.org/
- Royal Botanic Gardens: Plant of the World Online
  https://powo.science.kew.org/
- World Flora Online
  http://www.worldfloraonline.org/

植物藥用資訊參考:

- 香港浸會大學:藥用植物圖像數據庫
  https://library.hkbu.edu.hk/electronic/libdbs/mpd
- 香港浸會大學:中藥材圖像數據庫
  https://library.hkbu.edu.hk/electronic/libdbs/mmd/index.html

植物結構顏色定義參考:

- 英國皇家園林協會RHS植物比色卡 第6版 (2019重印)
- Henk Beentje (2020). *The Kew Plant Glossary: An illustrated dictionary of plant terms.* Second Edition. Kew Publishing.
- 維基百科 —— 顏色列表
  https://zh.wikipedia.org/zh-hk/顏色列表
- Color meaning by Canva.com
  https://www.canva.com/colors/color-meanings/
- The Colour index
  https://www.thecolourindex.com/

植物詞彙表

I. 葉形

長針形
Acicular

心形
Cordate

橢圓形
Elliptic

劍形
Ensiform

鐮刀形
Falcate

扇形
Flabellate or Fan-shaped

戟形
Hastate

披針形
Lanceolate

線形
Linear

倒披針形
Oblanceolate

長圓形
Oblong

倒卵形
Obovate

三角形
Triangular

倒三角形
Obtriangular

圓形
Orbicular

卵形
Ovate

菱形
Rhombic

箭形
Sagittate

鱗片狀
Scale-like

匙形
Spatulate

尖錐形
Subulate

鏟形 Trullate /
箏形 Kite-shaped

羊蹄形
Goat's foot shaped

盤狀
Discoid

長圓狀
Obloid

紡錘狀
Fusiform

球狀
Globose

晶體狀
Lenticular

倒卵狀
Obovoid

卵狀
Ovoid

扁橢圓球狀
Oblate ellipsoid

垂直橢圓球狀
Prolate ellipsoid

梨狀
Pyriform

半球狀
Semiglobose

近球狀
Subglobose

三角形球狀
Triangular-globose

陀螺狀
Turbinate

平面帶狀
Strap-shaped

頭狀花序
Capitulum / Head

複二歧聚傘花序
Compound dichasium

傘房花序
Corymb

聚傘花序
Cyme

簇生
Fascicle

隱頭花序
Hypanthodium

圓錐花序
Panicle

總狀花序
Raceme

肉穗花序
Spadix

穗狀花序
Spike

傘形花序
Umbel

03
秋

嶺南山竹子

中文常用名稱： **嶺南山竹子、黃牙果**
英文常用名稱： Lingnan Garcinia
學名 ： *Garcinia oblongifolia* Champ. ex Benth.
科名 ： **山竹子科 Clusiaceae**

關於嶺南山竹子

別名黃牙果，因吃了果實後牙齒會短暫（約數小時）染黃而得名。本種原生於低地次生林及風水林，每年秋冬季結琥珀色的漿果，狀似食用水果，本種的近親植物是有熱帶果后之稱的山竹。研究發現本種含有一種oblongifolin M的成分，可有效抑制EV71的腸病毒。但直接服食嶺南山竹子的果實並沒有作預防或治療之用，因必須經過嚴謹的提純方法，才能獲得有效成分的化合物。

生長形態

常綠灌木或喬木 Evergreen Shrub or Tree

樹幹

- 深灰色 Dark grey
- 具裂紋 Fissured
- 沒有剝落 Not flaky

葉

- 葉序：對生 Opposite
- 複葉狀態：單葉 Simple leaf
- 葉邊緣：不具齒 Teeth absent
- 葉形：橢圓形 Elliptic
- 葉質地：革質 Leathery

花

- 主要顏色：米黃色 Cream ○
- 花期： 1 2 3 **4 5** 6 7 8 9 10 11 12

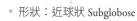

果

- 形狀：近球狀 Subglobose
- 主要顏色：琥珀色 Amber ●
- 果期： 1 2 3 4 5 6 7 8 9 **10 11 12**

其他辨認特徵

- 枝條橫切面呈四方形
- 橫向枝條明顯

❶ 果實為漿果，近球形，成熟時琥珀色，外形與同屬的山竹十分相似但體積較小，長約2至4厘米。

❷ 雄花花瓣米黃色，倒卵狀長圓形；萼片近圓形，雄蕊數目多並聚生在一起。

❸ 花細小，直徑只有約3毫米。

❹ 雌花花瓣黃色，萼片和花瓣的形態與雄花相似，雌蕊四周有退化的雄蕊，雌蕊頂端呈輻射狀分裂。

❺ 常見於風水林和低地次生林。

❻ 植株高約5至15米，直徑可達30厘米。

❼ 植株主幹筆直，橫向枝條甚明顯，常見於郊區。

在VR虛擬環境中觀賞真實品種

掃描QR code觀察立體結構

參考文獻

1. Wang, M., Dong, Q., Wang, H., He, Y., Chen, Y., Zhang, H., Wu, R., Chen, X., Zhou, B., He, J., Kung, H. -F., Huang, C., Wei, Y., Huang, J. -D., Xu, H., & He, M. -L. (2016). Oblongifolin M, an active compound isolated from a Chinese medical herb *Garcinia oblongifolia*, potently inhibits enterovirus 71 reproduction through downregulation of ERp57. *Oncotarget, 7*(8), 8797–8808. https://doi.org/10.18632/oncotarget.7122

木麻黃

中文常用名稱： **木麻黃、牛尾松**
英文常用名稱： Horsetail Tree
學名 ： *Casuarina equisetifolia* L.
科名 ： **木麻黃科** Casuarinaceae

關於木麻黃

木麻黃原產澳洲和太平洋島嶼，現已於美洲熱帶地區、中國華南及亞洲東南部沿海地區廣泛種植，並有馴化的趨勢。其根系深而廣闊，小枝灰綠色、細長，鱗片狀葉極細，可適應海岸生境和抵禦強風。本種的木材可作造船及建築使用，樹皮及枝葉亦可入藥，其根部含有效的抗病毒成分。

生長形態

落葉喬木 Deciduous Tree

樹幹

- 老樹樹皮深褐色 Old tree bark dark brown
- 具裂紋 Fissured
- 有剝落 Flaky

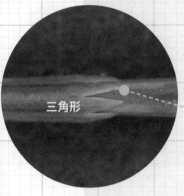

三角形

葉

- 葉序：輪生 Whorled
- 複葉狀態：單葉 Simple leaf
- 葉邊緣：不具齒 Teeth absent
- 葉形：披針形或三角形 Lanceolate or triangular
- 葉質地：紙質 Papery

花

- 主要顏色：紅色 Red ●
- 花期： 1 2 3 4 5 6 7 8 9 10 11 12

果序

- 形狀：扁平橢圓球狀具刺狀物
  Oblate ellipsoid with spines
- 主要顏色：褐色 Brown ●
- 果期： 1 2 3 4 5 6 7 8 9 10 11 12

其他辨認特徵

- 綠色針狀結構是小枝條，並非針葉

1 葉片退化為極細小的鱗狀葉片，幾近不可見，小枝條含葉綠素，取代已退化的葉片進行光合作用。

2 花分雌雄兩種花，有時生長在同一植株或不同植株上。雌花結構由許多小花組成，並有紅色的毛狀結構。

3 雄花看似棍棒狀的結構，通常生於枝條頂端。

4 小堅果具翅狀物，可乘風傳播。

5 果實未成熟時，多個像小菠蘿的果序聚生小枝上。

6 果實成熟後，每一對小苞片會裂開，釋放內藏的小堅果（果實的一種）。

7 主幹粗狀高大，最高可達40米，枝條茂密，但由於葉片細小，不會形成濃密樹蔭。攝於萬宜水庫東壩。

8 外來物種，植株多栽種作為行道樹。

9 作為行道樹，在香港各區道路旁，可輕易找到它們的蹤影，圖中是位於銅鑼灣香港中央圖書館附近的植株。

植物在中大　在VR虛擬環境中觀賞真實品種　　3D植物模型　掃描QR code觀察立體結構

參考文獻

1. Avoseh, O. N., Ogunwande, I. A., Oshikoya, H. O. (2022). Essential oil from the stem bark of *Casuarina equisetifolia* exerts anti-inflammatory and anti-nociceptive activities in rats. *Brazilian Journal of Pharmaceutical Sciences, 58*, Article e20735. https://doi.org/10.1590/s2175-97902022e20735

2. Xu, X., Chen, L., Luo, Y., Gao, R, Xu, Y., Yang, J., Zhou, Z., & Wei, X. (2022). Discovery of cyclic diarylheptanoids as inhibitors against influenza a virus from the roots of *Casuarina equisetifolia*. *Journal of Natural Products, 85*(9), 2142–2148. https://doi.org/10.1021/acs.jnatprod.2c00335

烏柿

中文常用名稱： **烏柿、烏材**
英文常用名稱： Woolly-flowered Persimmon
學名 ： *Diospyros eriantha* Champ. ex Benth.
科名 ： **柿科** Ebenaceae

關於烏柿

烏柿屬於柿科，常見於香港的低地疏林及溪旁，是原生品種。其果實雖然不能食用，但未成熟果可提取柿漆（食用柿樹的果實較常用作提取柿漆），有抗菌性、防腐和防水的功能，可塗在雨具、木材，亦可製成染料。其中著名的日本工藝品柿漆團扇，以和紙、竹和柿漆製作而成。柿漆塗在和紙上會令紙質變硬，使外層光澤，能防止昆蟲蛀食，隨時間越長，和紙的顏色會變深而展現獨特紋理。

基本特徵資料

生長形態

常綠灌木或喬木 Evergreen Shrub or Tree

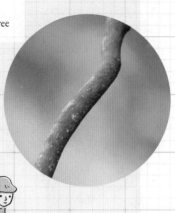

樹幹

- 灰褐色或深褐色 Greyish brown or sepia
- 不具裂紋 Not fissured
- 沒有剝落 Not flaky

葉

- 葉序：互生 Alternate
- 複葉狀態：單葉 Simple leaf
- 葉邊緣：不具齒 Teeth absent
- 葉形：橢圓狀披針形，兩端尖細
  Elliptic lanceolate with pointed ends
- 葉質地：革質 Leathery

花

- 主要顏色：雄花白色；雌花綠白色
  Male flower white; female flower greenish white
- 花期： 1 2 3 4 5 6 **7 8** 9 10 11 12

雌花

果

- 形狀：卵球狀或長圓狀 Ovoid or obloid
- 主要顏色：深褐色 Sepia ●
- 果期： 1 2 3 4 5 6 7 8 9 **10 11 12**

其他辨認特徵

- 幼枝、葉底主脈、葉柄和花序有鏽色粗伏毛

1 花的標本照片。從標本記錄可見花冠筒細長，頂端開口向外展開成一平面，稱為高腳碟狀；外面布滿粗伏毛。

2 雌花花蕾，呈綠白色，外面有毛，裏面無毛。

3 雌花花冠分裂成4邊，在枝條與葉柄之間生長。

4 果實為深褐色的漿果，長約1.2至1.8厘米。

5 果實的標本照片，呈現成熟果實的形狀。

6 原生品種，喬木狀態時，主幹高度可達16米，直徑可達50厘米。

7 生長於海拔500米以下的山地疏林、密林、灌叢中，亦可在山谷溪畔旁找到它們，攝於灣仔峽道。

8 植株位於中大中藥園附近的山坡。

白楸

中文常用名稱： **白楸**
英文常用名稱： **Turn-in-the-wind, Panicled Mallotus**
學名 ： *Mallotus paniculatus* (Lam.) Müll. Arg.
科名 ： **大戟科 Euphorbiaceae**

關於白楸

白楸是中型的原生喬木，在早期的次生林緣很常見。在強風季節期間，當大風吹翻起葉底時，可憑其白色樹冠容易找到其蹤影，這可能是本種英文名稱Turn-in-the-wind的由來。在野外觀察其葉子時，可常發現螞蟻在徘徊或吸食葉片基部的蜜腺。研究發現白楸不但用糖分吸引螞蟻，還利用共生的真菌作為媒人及「銷售員」的角色，吸引螞蟻到訪及保護白楸，以減低其他病蟲的侵害。

基本特徵資料

生長形態

常綠喬木 Evergreen Tree

樹幹

- 灰褐色 Greyish brown
- 具條紋 Striated
- 不具裂紋 Not fissured

葉

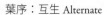

- 葉序：互生 Alternate
- 複葉狀態：單葉 Simple leaf
- 葉邊緣：具齒 Teeth present
- 葉形：菱形或箏形 Rhombic or kite-shaped
- 葉質地：紙質 Papery

菱形

花

- 主要顏色：淡黃褐色 Buff
- 花期： 1 2 3 4 5 6 7 8 9 10 11 12

果

- 形狀：扁球狀，具刺 Oblate, prickly
- 主要顏色：淡黃褐色 Buff
- 果期： 1 2 3 4 5 6 7 8 9 10 11 12

其他辨認特徵

- 葉片邊緣具淺波浪起伏
- 葉基部具 2 個腺體
- 葉背布滿淺灰色的絨毛，因此呈白色
- 葉片常呈掌狀淺裂

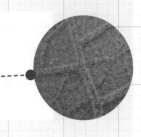

① 當風吹過白楸的枝葉，葉片隨風翻轉時，其白色的葉底便會顯現眼前，可能是其英文名稱 Turn-in-the-Wind 的來由。

②③ 葉柄盾狀著生，葉片上有兩個腺體，分泌的蜜汁能吸引螞蟻來取食，螞蟻的存在協助白楸抵抗植食性昆蟲如毛蟲的啃食及入侵。

④ 花的標本照片。雌花（上）雄花（下）分別生長在不同的植株，花多繁密，通常生於枝條頂端，花序常有分枝。

⑤ 雄花細小，有4至5片卵形花萼，長約2至2.5毫米。外面布滿星狀毛，每朵小花有雄蕊50至60枚。

⑥ 花的標本照片。雌花有4至5片長卵形花萼，長約2至3毫米。

⑦ 果實為蒴果，密集地生長在果序上。

⑧ 果實表面布滿褐色星狀絨毛和長圓錐狀的軟刺。

⑨ 果實的標本照片。果實成熟後裂開，可見黑色近球狀的種子。

⑩ 喬木狀態時，主幹最高可達15米，圖中植株位於中大本部的山坡上。

⑪ 香港原生物種，多生長於低地山坡、林緣及灌木叢，常見於本港郊野公園及近郊地區。

植物在中大

在VR虛擬環境中觀賞真實品種

3D植物模型

掃描QR code觀察立體結構

參考文獻

1. Sun, P. F., Chen, P. H., Lin, W. J., Lin, C. C., & Chou, J. Y. (2018). Variation in the ability of fungi in the extrafloral nectar of *Mallotus paniculatus* to attract ants as plant defenders. *Mycosphere, 9*(2), 178–188. https://doi.org/10.5943/mycosphere/9/2/2

台灣相思

中文常用名稱： **台灣相思**
英文常用名稱： **Taiwan Acacia**
學名　　　： *Acacia confusa* Merr.
科名　　　： **豆科 Fabaceae**

關於台灣相思

台灣相思是早期引入香港的植林品種，為
現時郊野地區最常見的物種。本種生長迅
速並耐旱，材質堅硬，但具抑制原生植物
生長的化合物。近年本地團體亦有種植原
生樹種，以逐漸代替台灣相思，從而加強
原生物種的多樣性和廣泛性。已枯萎的
植株亦偶有發現靈芝或其近似種的腐寄生
長。靈芝雖然是中藥良材，但誤用偽品或
錯誤的臨床使用都可引致身體的不良反應。

基本特徵資料

生長形態

常綠喬木 Evergreen Tree

樹幹

- 灰色或褐色 Grey or Brown
- 具裂紋 Fissured
- 沒有剝落 Not flaky

葉

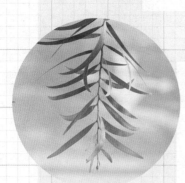

- 葉序：互生 Alternate
- 複葉狀態：第一片真葉為羽狀複葉 First young leaf pinnate
- 葉邊緣：不具齒 Teeth absent
- 葉形：葉狀柄呈鐮刀形 Phyllode falcate
- 葉質地：葉狀柄呈革質 Phyllode leathery

花

- 主要顏色：黃色 Yellow ●
- 花期： 1 2 **3 4 5 6 7 8 9 10** 11 12

果

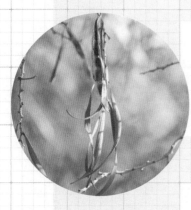

- 形狀：帶狀 Strap-shaped
- 主要顏色：深褐色至淺灰褐色
  Sepia to pale greyish brown ●
- 果期： 1 2 3 4 5 6 7 **8 9 10 11 12**

其他辨認特徵

- 葉片退化，葉狀柄狀似葉片

1. 花細小而茂密，聚集成球狀，有微弱的香氣，多生長在葉柄與枝條之間，直徑約1厘米。
2. 花瓣為白綠色，長約2毫米，雄蕊密集且超出花冠之外，比花瓣更為明顯地成了花的主要辨認顏色。
3. 雌蕊表面有黃褐色的毛。
4. 果實為扁平莢果，長約4至12厘米，成熟後逐漸變乾，表面平滑有光澤，外殼在種子間微收縮。豆莢成熟時扭曲、迴旋，從縱面裂開，讓種子落下；內藏深褐色種子2至8顆。
5. 相思樹屬的品種將葉退化成葉狀柄頂端的一小點，以減少水分蒸發，而葉柄變為葉片狀代替

了葉片，進行光合作用製造碳水化合物的角色。
6. 種子萌芽後，在幼株上能觀察到第一片真葉為羽狀複葉。
7. 幼枝被黏液包覆著。
8. 於50、60年代在本港廣泛種植於郊野公園，以迅速造林，與紅膠木和濕地松合稱香港「植林三寶」。圖中植株位於港島大潭郊野公園。
9. 曾被廣泛栽種於公園及行道作綠化用途，圖中植株位於維多利亞公園旁。
10. 外來物種，常綠喬木，主幹高大，通常高約6至15米，生長迅速，耐乾旱。

植物在中大

在VR虛擬環境中觀賞真實品種

3D植物模型 掃描QR code觀察立體結構

參考文獻

1. Chou, C. -H., Fu, C. -Y., Li, S. -Y., & Wang, Y. -F. (1998). Allelopathic potential of *Acacia confusa* and related species in Taiwan. *Journal of Chemical Ecology, 24*(12), 2131–2150. https://doi.org/10.1023/A:1020745928453

2. Cizmarikova, M. (2017). The efficacy and toxicity of using the lingzhi or Reishi medicinal mushroom, *Ganoderma lucidum* (Agaricomycetes), and its products in chemotherapy (review). *International Journal of Medicinal Mushrooms, 19*(10), 861–877. https://doi.org/10.1615/IntJMedMushrooms.2017024537

3. Gill, S. K., & Rieder, M. J. (2008). Toxicity of a traditional Chinese medicine, *Ganoderma lucidum*, in children with cancer. *Canadian Journal of Clinical Pharmacology, 15*(2), e275–e285.

銀柴

中文常用名稱： **銀柴**

英文常用名稱： **Aporosa**

學名 ： *Aporosa octandra* (Buch,-Ham. ex D.Don) Vickery var. *octandra*

科名 ： **葉下珠科** Phyllanthaceae

關於銀柴

銀柴為原生品種，在香港分布廣泛，常見於次生林及灌叢。常以灌木形態生長，較年長的植株亦可發展成小喬木。本種結果期甚長，種子的胚乳肉質，有利動物及雀鳥食用，亦有民族藥使用歷史，但其生態及藥用的科學研究仍在起步階段。

基本特徵資料

生長形態

常綠灌木或小喬木 Evergreen Shrub or Small Tree

樹幹

- 灰褐色 Greyish brown
- 具裂紋 Fissured
- 沒有剝落 Not flaky

葉

- 葉序：互生 Alternate
- 複葉狀態：單葉 Simple leaf
- 葉邊緣：具齒 Teeth present
- 葉形：狹橢圓形、橢圓狀倒披針形，兩端尖細
  Narrowly elliptic, elliptic oblanceolate with pointed ends
- 葉質地：革質 Leathery

狹橢圓形　狹橢圓形

橢圓狀倒披針形

花

- 主要顏色：雄花、雌花呈米黃色 Cream ◯
- 花期： 1 2 3 4 5 6 7 8 9 10 11 12

果

- 形狀：垂直橢圓狀 Prolate ellipsoid
- 主要顏色：黃綠色 Yellowish green ●
- 果期：1 2 3 4 5 6 7 8 9 10 11 12

其他辨認特徵

- 葉片邊緣有淺鋸齒
- 葉柄頂端有小腺體

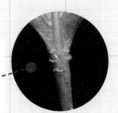

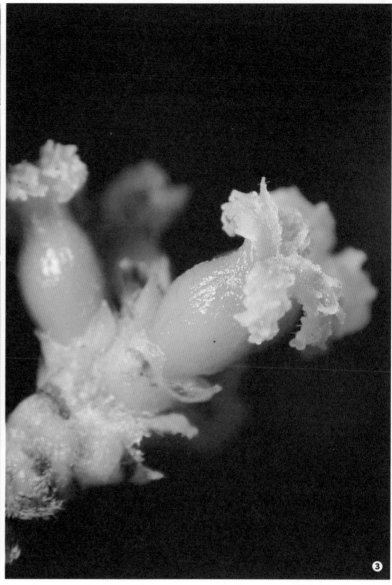

❶ 雌雄異株，圖中是雌花植株。

❷ 雄花聚生在一起，每朵小花通常有 4 片萼片，有 2 至 4 條雄蕊。

❸ 雌花有萼片 4 至 6 片，花叢生在樹枝頂部，呈現淺綠色，狀像樽形。

❹ 果實為黃綠色至橙色朔果、長約 1 至 1.3 厘米，被短柔毛；果實內有種子 2 顆，長約 9 毫米。

❺ 未成熟的果實顏色較綠。

❻ 香港原生品種，常見於郊外，在次生林底常呈灌木狀，主幹高度約 2 米。

❼ 喬木狀態時，主幹高度可達 9 米，攝於中大本部。

在VR虛擬環境中觀賞真實品種

3D植物模型

掃描QR code觀察立體結構

山油柑

中文常用名稱： **山油柑、降真香**
英文常用名稱： **Acronychia**
學名 ： *Acronychia pedunculata* (L.) Miq.
科名 ： **芸香科 Rutaceae**

關於山油柑

山油柑在本地的生長習性為中小型的喬木，常見於次生林及村旁，亦是春夏季的蜜源。葉可提取精油，可有效滅蚊及其幼蟲。本種亦是斯里蘭卡的傳統草藥，全株不同部分，包括葉、根、樹皮及果實都有使用價值。近年的科學研究其葉的異草鹼成分，具消炎止痛的功效。

基本特徵資料

生長形態

常綠喬木 Evergreen Tree

樹幹

- 麥稈色 Straw
- 不具裂紋 Not fissured
- 沒有剝落 Not flaky

葉

- 葉序：對生 Opposite
- 複葉狀態：單身複葉 Unifoliolate
- 小葉邊緣：不具齒 Teeth absent
- 小葉葉形：橢圓形或倒卵狀橢圓形，兩端尖細
  Elliptic or obovate elliptic with pointed ends
- 葉質地：革質 Leathery

花

- 主要顏色：象牙色 Ivory ○
- 花期： 1 2 3 **4 5 6 7 8** 9 10 11 12

果

- 形狀：近球狀 Subglobose
- 主要顏色：淺黃綠色 Pale yellowish green ●
- 果期： 1 2 3 4 5 6 7 **8 9 10 11 12**

其他辨認特徵

- 葉兩面光滑無毛
- 葉片具油腺點，搓揉後有香氣
- 葉柄兩端增大呈葉枕狀
- 果實有柑橘香氣

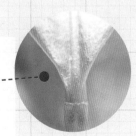

① 花細小，花初開時狹橢圓形的花瓣邊緣略微向
　內捲，花完全展開時，花瓣則略向外反捲。

② 具8枚雄蕊，雌蕊下方略為膨大的部分通常
　有毛。

③ 果序通常下垂，成熟時半透明狀淺黃綠色，直
　徑約1至1.5厘米；頂端中央凹陷及有4條淺溝。

④ 主幹高度可達15米。

⑤ 為原生植物，生於較低的丘陵坡地或森林中，
　為次生林常見樹種。攝於港島布力徑。

⑥ 本館「虛擬立體標本館」網頁內果實的3D模型
　記錄。

植物在中大

在VR虛擬環境中觀賞真實品種

3D植物模型

掃描QR code觀察立體結構

參考文獻

1. Chandrika U. G., & Ratnayake, W. M. K. M. (2021). *Acronychia pedunculata* leaves and usage in pain. *Treatments, Mechanisms, and Adverse Reactions of Anesthetics and Analgesics*, 321–327. https://doi.org/10.1016/B978-0-12-820237-1.00029-6

2. Kumar, B. S. R., Theerthavathy B. S., Khanum, S. A., & Ravi K. S. (2022). Evaluation of mosquito repellent, larvicidal and mosquitocidal activities of essential oil and monoterpene alcohols from leaves of *Acronychia pedunculata*. *Medicinal Plants, 14*(4), 577–588. https://doi.org/10.5958/0975-6892.2022.00063.6

3. Ratnayake, W. M. K. M., Suresh, T. S., Abeysekera, A. M., Salim, N., & Chandrika, U. G. (2019). Acute anti-inflammatory and anti-nociceptive activities of crude extracts, alkaloid fraction and evolitrine from *Acronychia pedunculata* leaves. *Journal of Ethnopharmacology, 238*, Article 111827. https://doi.org/10.1016/j.jep.2019.111827

對葉榕

中文常用名稱： **對葉榕**
英文常用名稱： **Opposite-leaved Fig, Rough-leaved Stem-fig**
學名 ： *Ficus hispida* L. f.
科名 ： **桑科 Moraceae**

關於對葉榕

對葉榕是香港原生品種，全株被粗糙毛或硬毛，較常見於灌叢、河畔或荒地的生境。其榕果可提供食物給果食類動物。其果實及葉是中醫、印醫及泰醫使用的民族藥，曾記載用於治療或舒緩潰瘍、糖尿病、腹瀉等疾病，可供現代臨床研究考證，並有待開發新藥。

基本特徵資料

生長形態

常綠灌木或小喬木 Evergreen Shrub or Small Tree

樹幹

- 灰色 Grey
- 不具裂紋 Not fissured
- 沒有剝落 Not flaky

葉

- 葉序：對生 Opposite
- 複葉狀態：單葉 Simple leaf
- 葉邊緣：不具齒 Teeth absent
- 葉形：卵狀長圓形 Obovate oblong
- 葉質地：厚紙質 Thickly papery

花（隱頭花序）

- 主要顏色：綠色 Green ●
- 花期： 1 2 3 4 **5 6 7 8 9 10** 11 12

果（隱頭果序）

- 形狀：陀螺狀 Turbinate
- 主要顏色：黃色 Yellow ○
- 果期： 1 2 3 4 **5 6 7 8 9 10** 11 12

標本照片

其他辨認特徵

- 有白色汁液
- 小枝及葉片粗糙，被硬毛
- 葉片兩面粗糙

① 托葉有毛，較高山榕和印度榕小。

② 榕果其實是花序的總花托，這個花序稱為隱頭花序，常見於桑科榕屬的植物。

③ 於雄性榕果內發現的雌性小蜂。雄花與不育的瘦花生於同一植株的榕果內壁。瘦花是榕屬植物特有的不育花，不會授粉和結果，但提供空間讓榕小蜂產卵及孵化。

④ 對葉榕的標本照片。榕果的頂部只有一個小孔可供榕小蜂進出。

⑤ 果實的標本照片。果實為隱頭果內藏多個瘦果，直徑約 1.5 至 2.5 厘米。

⑥ 雌花生於另一植株上隱頭花序的花托內壁。

⑦ 對葉榕又名牛乳樹，因植株刮傷時會流出白色牛奶狀的汁液。

⑧ 為香港原生植物，常見於郊區（箭頭所指位置）。生於低海拔溝谷、潮濕地、灌木叢或溪流旁。攝於大潭郊野公園（鰂魚涌擴建部分）。

⑨ 主幹高度可達 8 米。攝於中大近山村徑。

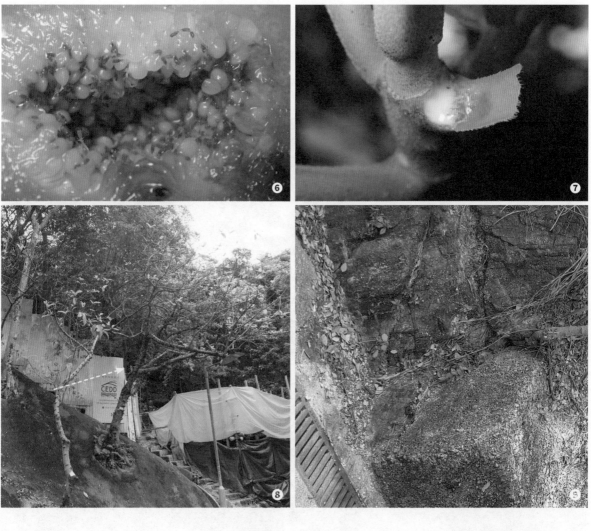

植物在中大

在VR虛擬環境中觀賞真實品種

3D植物模型

掃描QR code觀察立體結構

參考文獻

1. 胡亞明、唐占輝、丁雪梅、宋傳濤、曹敏、馬遜風 (2010)。〈犬蝠取食對葉榕果實的行為和相互適應關系研究〉。《東北師大學報（自然科學版）》，3，132–200。https://doi.org/10.16163/j.cnki.22-1123/n.2010.03.013

2. Cheng, J. -X., Zhang, B. -D., Zhu, W. -F., Zhang, C. -F., Qin, Y. -M., Abe, M., Akihisa, T., Liu, W. -Y., Feng, F., & Zhang, J. (2020). Traditional uses, phytochemistry, and pharmacology of *Ficus hispida* L.f.: A review. *Journal of Ethnopharmacology, 248,* Article 112204. https://doi.org/10.1016/j.jep.2019.112204

印度橡樹

中文常用名稱： **印度橡樹、印度榕**
英文常用名稱： **India-rubber Tree, Caoutchuc**
學名 ： *Ficus elastica* Roxb. ex Hornem.
科名 ： **桑科** Moraceae

關於印度橡樹

印度橡樹原產印度、緬甸、馬來西亞等地區，本地引進作為觀賞及行道樹。其嫩枝頂端的紅色托葉有助鑒別。本種的樹液分泌可提煉成塑膠原料。印度橡樹亦被作為傳統藥物，包括舒緩治療關節炎、高血壓、細菌感染等病症。亦有科學證明其中一些化學成分具強力的抗氧化效用。

基本特徵資料

生長形態

常綠大型喬木 Evergreen Large Tree

樹幹

- 淺灰色 Pale grey
- 不具裂紋 Not fissured
- 沒有剝落 Not flaky

葉

- 葉序：互生 Alternate
- 複葉狀態：單葉 Simple leaf
- 葉邊緣：不具齒 Teeth absent
- 葉形：橢圓形或長圓形 Elliptic or oblong
- 葉質地：厚革質 Thick leathery

隱頭花序

- 主要顏色：黃綠色 Yellowish green ●
- 花期： 1 2 3 4 5 6 7 8 9 10 11 12

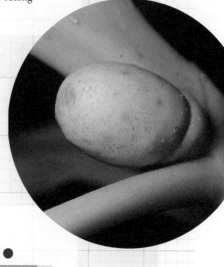

隱頭果序

- 形狀：卵形長圓狀 Ovate obloid
- 主要顏色：紫黑色 Purplish black ●
- 果期： 1 2 3 4 5 6 7 8 9 10 11 12

其他辨認特徵

- 有白色汁液
- 葉面深綠色，有光澤 - - - -
- 長有氣根

1. 深紅色的托葉呈披針形，質地膜質，長度可達10厘米。
2. 托葉脫落後，枝條上有明顯的環狀痕跡。
3. 枝條長出氣根。
4. 十分發達的氣根，長達地面，助吸收及支撐植株。
5. 全株富含黏性白色乳汁，早期被收集製成橡膠，學名中「elastica」以「具彈性的」來指其乳汁成分像橡膠具有彈性。
6. 未成熟的黃綠色榕果呈長圓狀；榕果通常成對生長於葉柄與莖之間連接的交角處，這位

置稱為葉腋。苞片呈風帽狀，脫落後有一環狀痕跡。
7. 榕果長約10毫米。
8. 雄花、雌花和不發育的瘦花同生於榕果內。
9. 果實結構由許多瘦果組成的隱頭果序。
10. 果實頂部只有一個小孔。
11. 樹冠寬闊，樹冠常綠，生長迅速，能抵受乾旱土壤、陽光不足及空氣污染，常被栽培成行道樹。
12. 喬木主幹高度可達30米，直徑1米以上，為外來引入植物，常見於公園和休憩處。

植物在中大　在 VR 虛擬環境中觀賞真實品種　3D植物模型　掃描 QR code 觀察立體結構

參考文獻

1. Dutta, R., Bhattacharya, E., Pramanik, A., Hughes, T. A., & Mandal Biswas, S. (2022). Potent nutraceuticals having antioxidant, DNA damage protecting potential and anti-cancer properties from the leaves of four *Ficus* species. *Biocatalysis and Agricultural Biotechnology, 44*, Article 102461. https://doi.org./10.1016/j.bcab.2022.102461

2. Arsyad, A. S., Nurrochmad, A, & Fakhusin. (2023). Phytochemistry, traditional uses, and pharmacological activities of *Ficus elastica* Roxb. ex Hornem: A review. *Journal of HerbMed Pharmacology, 12*(1), 41-53. https://doi.org./10.34172/jhp.2023.04

榕樹

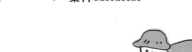

中文常用名稱： **榕樹、細葉榕**
英文常用名稱： **Chinese Banyan, Small-fruited Fig**
學名　　　： *Ficus microcarpa* L. f.
科名　　　： **桑科 Moraceae**

關於榕樹

榕樹是民間非常熟悉的品種，在香港分布十分廣泛，常見於村邊的風水林、次生林、公園及行道旁。成熟植株可達20米以上，樹冠廣闊，榕鬚優雅，提供市民乘涼休憩處，同時亦可給鳥類棲息及昆蟲寄居，形成具生態價值的小生境。但亦須留意當鳥類的糞便及榕果的殘留物掉落在樹冠下的範圍，都會增加清潔管理費，再者本種強盛的根系可能危及附近的建築物結構，應更小心選址栽培和加固附近設施。在保持人類與植物的和諧共存，我們必須給予各類生物的生存空間及位置，才能持續發展市區植物及生態的多樣性。

生長形態

常綠大型喬木 Evergreen Large Tree

樹幹

- 深灰色 Dark grey
- 不具裂紋 Not fissured
- 沒有剝落 Not flaky

葉

- 葉序：互生 Alternate
- 複葉狀態：單葉 Simple leaf
- 葉邊緣：不具齒 Teeth absent
- 葉形：橢圓形或倒卵形，葉尖凸尖
  Elliptic or obovate with apiculate tip
- 葉質地：革質 Leathery

橢圓形

花（隱頭花序）

- 主要顏色：黃綠色 Yellowish green
- 花期： 1 2 3 4 5 6 7 8 9 10 11 12

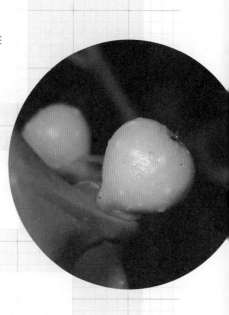

果（隱頭果序）

- 形狀：闊倒卵狀 Boardly obovoid
- 主要顏色：淺粉紅 Pink
- 果期： 1 2 3 4 5 6 7 8 9 10 11 12

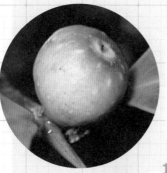

其他辨認特徵

- 有白色汁液
- 長有氣根

❶ 有綠白色的托葉,長約0.5至1厘米。

❷ 雄花、雌花、癭花生於同一榕果內。

❸ 主幹可高達25米,直徑可達1米以上。攝於中大未圓湖。

❹ 細葉榕是本地常見植物,有遮蔭及防風之用,具頑強生命力,在大部分的環境及土質皆能生長,常被栽種於市區路旁及各社區休憩地方。攝於華富邨。

❺ 石牆樹是市區榕樹常見的生長形態,形成原因通常是雀鳥及蝙蝠等,將消化不了的果實種子,隨糞便四處散播,偶爾種子落到石牆上的空隙後萌芽,加上榕樹強大的鬚根,於石牆上的空隙泥土吸收水分和營養,頑強生長成樹而來。攝於堅尼地城。

❻ 到了花果期的季節,由初夏開始,就會長滿榕果,狀似黑豆。黑領椋鳥正在啄食榕果。

❼ 榕果成對生於葉柄與莖之間的交角處(葉腋),沒有總花梗,具3枚闊卵形的苞片。

❽ 初生的嫩氣根呈象牙色,暴露於環境一段時間後漸漸變成鐵鏽色。老樹枝條常長出下垂的氣根,能夠促進氣體交換。

❾ 有些個體的氣根長得特別濃密連成一片,氣根會一直垂直向下生長,當接觸地面後鑽入土壤中漸漸木質化,形成支柱根,根如同樹幹一樣能協助支撐植株的重量。

❿ 縱橫交錯的根。

植物在中大

在VR虛擬環境中觀賞真實品種

3D植物模型

掃描QR code觀察立體結構

參考文獻

1. Wu, W., Zhang, Y., Li, F., Wu, M., Yan, J., & Chen, Y. (2012). Community structure and dynamics of fig wasps in syconia of *Ficus microcarpa* Linn. f. in Fuzhou. *Shengtai Xuebao, 32*(20), 6535–6542. https://doi.org/10.5846/stxb201204120514

2. Zhang, T., Miao, B. -G., Wang, B., Peng, Y. -Q., & Darwell, C. T. (2019). Non-pollinating cheater wasps benefit from seasonally poor performance of the mutualistic pollinating wasps at the northern limit of the range of *Ficus microcarpa*. *Ecological Entomology, 44*(6), 844–848. https://doi.org/10.1111/een.12749

青果榕

中文常用名稱： **青果榕**
英文常用名稱： **Common Red-stem Fig**
學名　　　： *Ficus variegata* Blume
科名　　　： **桑科 Moraceae**

關於青果榕

青果榕的原生地區很廣泛，中國南部、印度和澳洲東北部都有分布。為本地極常見的品種，生長於村旁的風水林及次生林，年長的植株可達二十多米，基部厚而板直的結構便是板根，可有效支持高大的喬木形成。果食鳥類能幫助本種的種子傳播。其幼株適應性高，常見的幼態葉都是長卵形，與成熟的卵形葉截然不同。曾經有記錄其變種，榕果的果柄短窄，果實作食用，現今這些近似種都已歸併成本種，又名雜色榕。

基本特徵資料

生長形態

大型喬木 Large Tree

樹幹 𓏲

- 淺灰褐色 Pale greyish brown
- 不具條紋 Not fissured
- 沒有剝落 Not flaky

葉 🍃

- 葉序：互生 Alternate
- 複葉狀態：單葉 Simple leaf
- 葉邊緣：具齒 Teeth present
- 葉形：卵形 Ovate
- 葉質地：厚紙質 Thickly papery

花（隱頭花序）🌸

- 主要顏色：黃綠色 Yellowish green ●
- 花期： 1 2 **3 4 5** 6 7 8 9 **10 11** 12

果（隱頭果序）🍐

- 形狀：梨狀 Pyriform
- 主要顏色：米黃色或猩紅色 Cream or scarlet ●
- 果期： 1 2 **3 4 5** 6 7 8 **9 10** 11 12

其他辨認特徵

- 有白色汁液
- 葉基呈圓形或淺心形；葉邊緣波浪起伏，平滑或有淺而疏的鋸齒

❶ 榕果密集成簇生長在老莖的瘤狀短枝條上，直徑約2.5至3厘米。

❷ 托葉生長於嫩枝頂端，較高山榕和印度榕小，長約1至1.5厘米。

❸ 在市區生的植株可達10米，在自然生境的個體更可高達25米。攝於中大未圓湖。

❹ 為香港原生植物，可適應貧瘠土壤，在郊外主要分布於低海拔的森林或溝谷。

❺ 果蝠和雀鳥喜歡吃榕果。這是榕屬植物為傳播種子演變出來的適應特性。紅耳鵯正在啄食榕果。

❻ 雄性植株的無花果只有雄花和癭花。

❼ 雌性植株的無花果只有雌花，果內可見雌性榕小蜂。

❽ 高大的青果榕長有板根作支撐，這個特別的結構如同加了板塊，根系十分強壯可加強支撐能力，有助承托大型植株的重量。

植物在中大

在VR虛擬環境中觀賞真實品種

3D植物模型

掃描QR code觀察立體結構

楊桃

中文常用名稱： **楊桃**
英文常用名稱： **Carambola**
學名　　　　： *Averrhoa carambola* L.
科名　　　　： **酢漿草科** Oxalidaceae

關於楊桃

楊桃原產自馬來西亞及印尼，是一種常綠的中型果樹。因果實美味多汁，現今在熱帶國家廣泛種植；本地常見於村落生境及風水林。果、根、葉被作為民間藥用。科學研究發現葉的脂溶性成分可有效抑制碳水化合物的消化和吸收，有助減肥功效，亦具其他鎮靜安眠的化學成分。泰國傳統使用果汁來去除污漬。

基本特徵資料

生長形態

常綠小喬木 Evergreen Small Tree

樹幹

- 暗褐色 Dark brown
- 不具裂紋 Not fissured
- 沒有剝落 Not flaky

葉

- 葉序：互生 Alternate
- 複葉狀態：奇數一回羽狀複葉 Odd-pinnately compound leaf
- 小葉邊緣：不具齒 Teeth absent
- 小葉葉形：橢圓形或卵形 Elliptic or ovate
- 葉質地：紙質 Papery

花

- 主要顏色：深紫紅色 Magenta ●
- 花期：

1	2	3	4	5	6	7	8	9	10	11	12

果

- 形狀：橢圓狀或卵狀 Ellipsoid or ovoid
- 主要顏色：黃綠色 Yellowish green ●
- 果期：

1	2	3	4	5	6	7	8	9	10	11	12

其他辨認特徵

- 小葉基部常左右不對稱

1. 果實為肉質漿果，具3至5稜，橫切面呈星狀，為常食用果。

2. 種子深褐色，呈扁卵形或橢圓形。

3. 花細小而密集成花序，5片花瓣向外反捲，長約8至10毫米。底部合生成杯狀，每朵花同時具有花萼、花瓣、雄蕊和雌蕊，稱為完全花。攝於泰國曼谷。

4. 花生長於葉柄與莖之間連接部分的交角處（葉腋）。

5. 引入的經濟作物，常見於農地、園林或庭園。

6. 喬木主幹高度可達12米，分枝甚多。攝於中大近兆龍樓旁。

植物在中大

在VR虛擬環境中觀賞真實品種

３Ｄ植物模型

掃描QR code觀察立體結構

參考文獻

1. Akter, A, Islam, F., Bepary, S., Al-Amin, M., Begh, M. Z. A., Islam, M. A. F. U., Ashraf, G. M., Baeesa, S. S., & Ullah, M. F. (2022). CNS depressant activities of *Averrhoa carambola* leaves extract in thiopental-sodium model of Swiss albino mice: implication for neuro-modulatory properties. *Biologia, 77*(5), 1337–1346. https://doi.org/10.1007/s11756-022-01057-z

2. Ramadan, N. S., El-Sayed, N. H., El-Toumy, S. A., Mohamed, D. A., Aziz, Z. A., Marzouk, M. S., Esatbeyoglu, T., Farag, M. A., & Shimizu, K. (2022). Anti-obesity evaluation of *Averrhoa carambola* L. leaves and assessment of its polyphenols as potential α-glucosidase inhibitors. *Molecules, 27*(16), Article 5159. https://doi.org/10.3390/molecules27165159

幌傘楓

中文常用名稱： **幌傘楓、火通木**
英文常用名稱： **Fragrant Aralia**
學名　　　　： *Heteropanax fragrans* (Roxb. ex DC.) Seem.
科名　　　　： **五加科 Araliaceae**

關於幌傘楓

幌傘楓分布廣泛，包括中國雲南、廣西、廣東，印度、不丹、孟加拉、緬甸等地亦有分布。本港引入的栽培樹種，成長高度約10米，樹冠較窄及完整，作為綠化行道樹亦不太佔用附近的空間，可控和易管理。其根皮民間藥用治燒傷、蛇傷及風熱感冒，別名為大蛇藥。在印度東北地區珞巴族人運用幌傘楓作養蠶的主要品種，蠶絲所編織成的傳統珞巴族服飾，構成他們族人的主要文化遺產。

基本特徵資料

生長形態

常綠喬木 Evergreen Tree

樹幹

- 淺灰褐色 Pale greyish brown
- 具裂紋 Fissured
- 沒有剝落 Not flaky

葉

二回羽狀複葉

- 葉序：互生 Alternate
- 複葉狀態：奇數二至五回羽狀複葉 Odd-2 to 5 pinnately compound leaf
- 小葉邊緣：不具齒 Teeth absent
- 小葉葉形：橢圓形，葉尖細長 Elliptic with acuminate tip
- 葉質地：紙質 Papery

花

- 主要顏色：黃綠色 Yellowish green ●
- 花期： 1 2 3 4 5 6 7 8 9 **10 11 12**

果

- 形狀：近球狀 Subglobose
- 主要顏色：黑色 Black ●
- 果期： 1 **2 3 4** 5 6 7 8 9 10 11 12

其他辨認特徵

- 枝條常見「V」形的葉柄痕

❶ 花序小花密集生長，長達40厘米。黃綠色的花冠具5枚卵形花瓣，外面有稀疏的絨毛，長約2毫米。

❷ 花的標本照片。從標本記錄可見雌蕊的頂部至中間部分分離成兩邊，具2枚花柱、5枚雄蕊。

❸ 成長中的花蕾。

❹ 主幹高度可達30米，直徑約70厘米。幌傘楓樹形獨特，樹身不具枝葉，葉片集中在樹的頂部，就像有數枝棒棒糖插在樹幹上。攝於中大聯合書院。

❺ 引入園藝物種，常見於公園，有時會修剪成盆栽的形態。

❻ 果實長約7毫米。

❼ 圖為掉在地上已枯乾的果實，但仍可見到頂部雌蕊不脫落的部分（花柱），長約2毫米。

❽ 種子扁平卵狀。

植物在中大

在VR虛擬環境中觀賞真實品種

3D植物模型

掃描QR code 觀察立體結構

參考文獻

1. Dutta, M., Deb, P., & Das, A. K. (2020). Diversity and management of plant species in an Eri silkworm agroforestry system by Mishing tribe of Assam, India. *Journal of Environmental Biology, 41*(1), 35–42. https://doi.org/10.22438/jeb/41/1/MRN-1106

大葉合歡

中文常用名稱： **大葉合歡**
英文常用名稱： **Lebbeck Tree**
學名 ： *Albizia lebbeck* (L.) Benth.
科名 ： **豆科 Fabaceae**

關於大葉合歡

大葉合歡原產自非洲的熱帶地區，現於亞洲及非洲地區廣泛
種植。花綠白色，狀似金黃傘子，氣香，甚具觀賞價值。葉
可混合麻風樹屬植物製成更穩定的生物柴油。種子的脂溶性
提取物具控糖尿及膽固醇的藥理功效。亦有發現樹皮具控制
乳癌的化學成分，多項研究有助解釋其民間傳統藥用的原因。
黃昏後合歡類植物的羽狀複葉像含羞草般閉合，在早上天亮後
又展開至水平狀態，這現象為「睡眠運動」或「膨壓運動」。這
種葉片在晚上休息的特性，讓本種又稱為「合昏」或「夜合樹」。

生長形態

落葉喬木 Deciduous Tree

樹幹

- 褐色 Brown
- 具裂紋 Fissured
- 有剝落 Flaky

葉

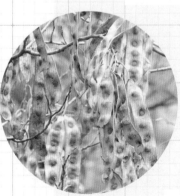

- 葉序：互生 Alternate
- 複葉狀態：偶數二回羽狀複葉
  Even-bipinnately compound leaf
- 小葉邊緣：不具齒 Teeth absent
- 小葉葉形：長圓形 Oblong
- 葉質地：紙質 Papery

花

- 主要顏色：綠白色 Greenish white ⚪
- 花期： 1 2 3 4 **5 6 7 8 9** 10 11 12

果

- 形狀：帶狀 Strap-shaped
- 主要顏色：淡黃褐色 Buff ⚫
- 果期： **1 2 3** 4 5 6 7 8 9 **10 11 12**

其他辨認特徵

- 小葉片左右不對稱
- 葉軸具腺體

① 大葉合歡的標本照片，圖中像小絨球的結構是花序，稱為頭狀花序。

② 花細小集合在一起，每朵花具白綠色或淡黃綠色的雄蕊20至50枚，花絲超出於花冠之外，基部合生成管狀結構。花冠長約7至8毫米，花蕾時期，可以清楚觀察到多個綠色的小花蕾集中在一起。

③ 未成熟的果實顏色較綠；果實為莢果，形狀扁平，果皮薄，表面光亮無毛。已成熟裂開很久的果實經常整個冬季仍掛在樹上，久久不掉落。

④ 果殼內有種子4至12顆，橢圓形，長約1厘米。大葉合歡還有一英文俗名 Woman's Tongue Tree，估計因當樹上掛滿豆莢時，隨風一吹，豆莢互相碰撞而發出嘈雜聲響，像婦人七嘴八舌般而來。

⑤ 種子呈橢圓形。

⑥ 外來物種，成長迅速，枝條廣闊，葉片茂密，被廣泛作為行道樹及觀賞樹種。生長迅速，枝葉茂密；圖中植株位於屯門市中心。

⑦ 高大喬木，主幹高度約8至12米，植株位於深井。

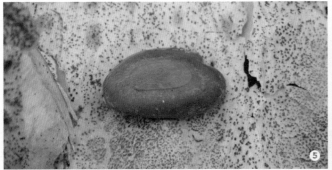

植物在中大

在VR虛擬環境中觀賞真實品種

3D植物模型

掃描QR code觀察立體結構

參考文獻

1. Ariharasivakumar, G., & Thekkekkara, D. (2021). Chemo preventive potential of Methanolic extract of bark of *Albizia lebbeck* (L.) benth on n-methyl-n-nitrosourea induced mammary carcinoma in female sprague dawley rats. *Research Journal of Pharmacy and Technology, 14*(11), 5989–5990. http://doi.org/10.52711/0974-360X.2021.01039

2. Avoseh O.N., Mtunzi, F. M., Ogunwande I. A., Ascrizzi R., & Guido, F. (2021). *Albizia lebbeck* and *Albizia zygia* volatile oils exhibit anti-nociceptive and anti-inflammatory properties in pain models. *Journal of Ethnopharmacology, 268*, Article 113676. https://doi.org/10.1016/j.jep.2020.113676

3. Azam, S., Latif, A., Hussain, K., Shahbaz, H., Perveen, S., Ashfaq, I., & Tayyeb, A. (2022). Anti-diabetic and anti-lipidepmic effect of *Albizia lebbeck* seeds against HepG2 cells. *Pakistan Journal of Pharmaceutical Sciences, 35*(3), 793--800.

4. Balkrishna A., Saksh, Chauhan M., Dabas A., & Arya, V. (2022). A Comprehensive Insight into the Phytochemical, Pharmacological Potential, and Traditional Medicinal Uses of *Albizia lebbeck* (L.) Benth. *Evidence-based Complementary and Alternative Medicine*, 2022, Article 5359669. https://doi.org/10.1155/2022/5359669

5. Pandey K. K., & Murugan S. (2023). *Albizia lebbeck* leaf extracted natural antioxidant doped biodiesel-diesel blend in low heat rejection diesel engine. *Journal of Renewable and Sustainable Energy, 15*(1), Article 013101. https://doi.org/10.1063/5.0107664

圓柏

中文常用名稱 ： **圓柏**
英文常用名稱 ： **Chinese Juniper**
學名 ： *Juniperus chinensis* L.
科名 ： **柏科 Cupressaceae**

關於圓柏

圓柏已廣泛栽培為園藝品種，皆因葉片呈刺葉及鱗葉，表面革質，較能防止水分散失，並適應多樣化的生境，保持常綠狀態，在庭園的背境綠蔭中發揮最好的角色。於中國內蒙、河北、山東、福建、河南、四川、廣東，以及韓國和日本都有分布及栽培。木材具香氣，堅韌、耐腐力強，用於建築、家具及工藝品等等。民間使用枝葉祛風及消腫，研究發現其一種成分 SortaseA 可應用在預防牙菌斑及轉糖鏈菌引致的口腔疾病。

生長形態

常綠喬木 Evergreen Tree

樹幹

- 灰褐色 Greyish brown
- 具裂紋 Fissured
- 有剝落 Flaky

葉

- 葉序：對生和輪生 Opposite and whorled
- 複葉狀態：單葉 Simple leaf
- 葉邊緣：不具齒 Teeth absent
- 葉形：鱗片狀和披針形 Scale-like and lanceolate
- 葉質地：革質 Leathery

鱗片狀

雄性球花

- 主要顏色：綠白色 Greenish white ○
- 出現期： 1 2 3 4 5 6 7 8 9 10 11 12

雌性球果

- 形狀：近球狀 Subglobose
- 主要顏色：成熟時褐色 Brown when ripe ●
- 出現期： 1 2 3 4 5 6 7 8 9 10 11 12

其他辨認特徵

- 有兩種葉型，分別為刺針葉（呈披針形）和鱗葉（呈鱗片狀）

披針形

1 刺葉是三葉交互對生或輪生，葉面有微凹。

2 雄球花上有小孢子葉10至18片，內藏花粉囊。

3 雌球果又稱毬果，圓柏的雌球果體積細小，直徑約6至8毫米。2年成熟期，熟時橄欖綠色但初時表面被白色粉狀物質覆蓋，看上來是白綠色。雌球果成熟後期，白色粉狀物開始脫落，可看見表面上出現褐色裂紋。

4 雄球花黃色，橢圓體，細小，長約2.5至3.5毫米。

5 圓柏有不少栽培變種，其中一種常見形態是枝條呈旋捲，樹形呈長塔狀。圖中植株位於中大本部邵逸夫堂附近。

6 本館「虛擬立體標本館」網頁內果實的3D模型記錄。

7 外來物種，主幹高大，高度可達20米，直徑可達3.5米，圖中植株位於深井私人屋苑園圃內的行道。

8 由於有適應被修剪的耐力，通常會被經常修剪以保持其園藝造型。以其灌木或小喬木的狀態出現在各大公園、園藝空間、花圃及行道。

植物在中大

在VR虛擬環境中觀賞真實品種

3D植物模型

掃描QR code 觀察立體結構

參考文獻

1. Cho, E., Hwang, J. -Y., Park, J. S., Oh, D., Oh, D. -C., Park, H. -G., Shin, J., & Oh, K. -B. (2022). Inhibition of *Streptococcus mutans* adhesion and biofilm formation with small-molecule inhibitors of sortase A from *Juniperus chinensis*. *Journal of Oral Microbiology, 14*(1), Article 2088937. https://doi.org/10.1080/20002297.2022.2088937

白千層

中文常用名稱： **白千層**

英文常用名稱： **Paper-bark Tree, Cajeput-tree**

學名 ： *Melaleuca cajuputi* subsp. *cumingiana* (Turcz.) Barlow

科名 ： **桃金孃科 Myrtaceae**

關於白千層

白千層原產地澳洲，是早期引種到香港的樹種，作快速成林之用。其樹皮白色、片狀剝落，花成串，像瓶刷，易於辨認。樹皮及枝葉可提取芳香精油，具消炎止痛及鎮靜之效。但本種具一定的入侵性，種子生產量極高，其落葉及分泌物極有可能抑制原生植物的發芽及生長，因此必須監控此品種的分布及蔓延速度。

基本特徵資料

生長形態

常綠喬木 Evergreen Tree

樹幹

- 白色 White
- 不具條紋 Not straited
- 有剝落 Flaky

葉

- 葉序：互生 Alternate
- 複葉狀態：單葉 Simple leaf
- 葉邊緣：不具齒 Teeth absent
- 葉形：窄橢圓形，兩端尖細
  Narrowly elliptic with pointed ends
- 葉質地：革質 Leathery

花

- 主要顏色：白色 White ○
- 花期： | 1 | 2 | 3 | 4 | 5 | 6 | 7 | 8 | 9 | 10 | 11 | 12 |

果

- 形狀：杯狀或半球狀 Cupular or semiglobose
- 主要顏色：淺灰褐色 Pale greyish brown ●
- 果期： | 1 | 2 | 3 | 4 | 5 | 6 | 7 | 8 | 9 | 10 | 11 | 12 |

其他辨認特徵

- 葉片和葉芽具油腺點，含有芳香精油，
  揉碎後有香氣，氣味濃郁
- 樹皮層層剝落

❶ 花序生於枝條頂部，密集排列，花軸上著生許多小花，花軸長達15厘米，遠看似瓶刷。每朵小花都沒有花梗，花主要顏色來自白色的雄蕊和雌蕊，雄蕊5至8枚一束，長約1厘米；雌蕊白色比雄蕊長。

❷ 未成熟的花，花蕾呈黃綠色。

❸ 花凋謝後，開花枝條不會脫落，其頂端仍會繼續長出新葉。

❹ 生長過程中，植株主幹會不斷長出新的樹皮，將已死的樹皮向外推出形成剝落，如千層紙張脫之不盡，因而得名白千層。主幹高度可達18米，樹冠呈橢圓形圓錐狀，在市區亦被廣泛栽植。攝於維多利亞公園。

❺ 為外來引入的物種，由於白千層生長速度快，曾廣泛在郊區栽種作建林之用。

❻ 果實為木質的蒴果，直徑約5至7毫米，花果常生長在同一枝條。

❼ 果實成熟時開裂，頂端開成3孔狀。

❽ 種子細小，長三角形。

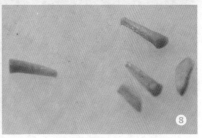

植物在中大

在VR虛擬環境中觀賞真實品種

３Ｄ植物模型

掃描QR code 觀察立體結構

參考文獻

1. Isah, M., Rosdi, R. A., Wahab, W. -N. -A. W. A., Abdullah, H., Sul'ain, M., D., & Ishak, W. R. W. (2023). Phytoconstituents and biological activities of *Melaleuca cajuputi* Powell: A scoping review. *Journal of Applied Pharmaceutical Science, 13*(1), 10–23. https://doi.org/10.7324/JAPS.2023.130102

2. Wahab, N. Z. A., Ja'afar, N. S. A., & Ismail, S. B. (2022). Evaluation of antibacterial activity of essential oils of *Melaleuca cajuputi* powell. *Journal of Pure and Applied Microbiology, 16*(1), 549–556. https://doi.org/10.22207/JPAM.16.1.52

香港大沙葉

中文常用名稱： **香港大沙葉、茜木**
英文常用名稱： **Hong Kong Pavetta**
學名 ： *Pavetta hongkongensis* Bremek.
科名 ： **茜草科 Rubiaceae**

關於香港大沙葉

香港大沙葉早於1850年代在香港跑馬地已有發現，當時 J. G. Champion 採集了模式標本，現保存在邱園的植物標本館。這類植物標本別具科學價值，在標本館的嚴謹管理下，可存放數百年，並且被引用為新種發表的證據。本種的葉表面密布黑色的瘤狀物，由固氮菌所形成，因此葉能將空氣中的氮氣轉化為含氮化合物，其落葉可增加泥土的氮養分。類同的生態現象是，在豆科植物的根部常共生有根瘤菌。

生長形態

常綠灌木或小喬木
Evergreen Shrub or Small Tree

樹幹

- 淺褐色 Pale brown
- 不具裂紋 Not fissured
- 沒有剝落 Not flaky

葉

- 葉序：對生 Opposite
- 複葉狀態：單葉 Simple leaf
- 葉邊緣：不具齒 Teeth absent
- 葉形：窄橢圓形或橢圓狀倒卵形
  Narrowly elliptic or elliptic obovate
- 葉質地：薄革質 Thin leathery

橢圓狀倒卵形

花

- 主要顏色：白色 White ○
- 花期： 1 2 **3 4 5 6 7 8 9 10** 11 12

果

- 形狀：球狀 Globose
- 主要顏色：成熟時黑色 Black when ripe ●
- 果期： 1 2 3 4 5 **6 7 8 9 10 11 12**

其他辨認特徵

- 葉片表面有凸起腺
- 葉對生的位置具托葉

① 把葉片放在陽光下觀察，可以見到布滿黑點，如天上繁星，故又名「滿天星」。這些黑點其實是菌瘤，由固氮菌造成，能幫助植物將空氣中的氮轉換成植物可吸收的氮化合物，這過程稱為固氮作用。

② 小花密集生長於枝頂，花序大直徑可達15厘米，花主要顏色來自花冠，白色呈管狀，頂部具4枚花瓣裂片。

③ 雌蕊中間的長管狀部分稱為花柱，長約35毫米，細而長伸出花冠外。頂部綠色脹大部分稱為柱頭，呈棍棒狀。

④ 雄蕊生產花粉的部分稱為花藥，凸出呈線形。花藥近黑色，花開時會部分扭曲，長約4毫米。

⑤ 果實未成熟時綠色，表面有光澤。

⑥ 果實的標本照片。果實為漿果，成熟時黑色。

⑦ 主幹可高達4米，圖中為灌木時的狀態。

⑧ 香港大沙葉已列入香港法例第96章，是受保護的品種。攝於中大善衡書院。

⑨ 為香港原生植物，在郊外生長於較陰暗的灌木叢中或林緣位置。

植物在中大

在VR虛擬環境中觀賞真實品種

3D植物模型

掃描QR code觀察立體結構

參考文獻

1. Horner, H. T. Jr. & Lersten, N.R. (1972). Nomenclature of bacteria in leaf nodules of the families *Myrsinaceae* and *Rubiaceae*. *International Journal of Systematic and Evolutionary Microbiology*. *22*(2), 117–122. https://doi.org/10.1099/00207713-22-2-117

2. Carstensen, G. D. (2012). *Bacterial endophytes in the leaves of* Pavetta *spp. With a specific focus on those causing leaf nodules* [Magister Scientiae, Universtity of Pretoria]. http://hdl.handle.net/2263/31496

樟

中文常用名稱： **樟**
英文常用名稱： Camphor Tree
學名　　　　： *Cinnamomum camphora* (L.) J. Presl
科名　　　　： **樟科 Lauraceae**

關於樟

樟是香港原生的風水林樹種，常見於低地村旁，樹身巨大粗壯，高可達30米，樹冠廣闊，蜜源豐富，是優良的生態樹種。本種容易與黃樟混淆，樟的葉脈像三叉一樣，而黃樟的葉脈則像樹幹分枝般，稱為羽狀葉脈。樟的傳統防腐功能廣為人知，例如用於製作樟木籠。研究發現樟的提取物可有效抑制多類真菌的生長，包括：鏈格孢菌屬、鐮胞菌等。5至6年植株收採的木材可作入藥，功能廣泛，可治風寒感冒、寒濕吐瀉、跌打傷痛等。而樟腦可從樹根、樹幹、樹枝及葉進行蒸餾提取，昇華精製後可得精製樟腦粉。

基本特徵資料

生長形態

常綠喬木 Evergreen Tree

樹幹

- 灰褐色 Greyish brown
- 具裂紋 Fissured
- 沒有剝落 Not flaky

卵狀橢圓形

葉

- 葉序：互生 Alternate
- 複葉狀態：單葉 Simple leaf
- 葉邊緣：不具齒 Teeth absent
- 葉形：橢圓形或卵狀橢圓形
  Elliptic or ovate-elliptic
- 葉質地：革質 Leathery

花

- 主要顏色：綠白色 Greenish white ○
- 花期： 1 2 3 **4 5** 6 7 8 9 10 11 12

果 🥑

- 形狀：卵狀或近球狀 Ovoid or subglobose
- 主要顏色：黑色 Black ●
- 果期： 1 2 3 4 5 6 7 **8 9 10 11** 12

其他辨認特徵

- 葉片搓揉後有樟腦味
- 葉片邊緣具波浪起伏
- 三葉脈是離基部一段距離才形成，稱為離基三出脈
- 葉脈腋具明顯的腺窩

❶ 落葉前葉片顏色轉為橙紅至深紅色。

❷ 主葉脈和側脈的交匯處具明顯的腺窩，腺窩是一些昆蟲的蟲室，功能是提供棲息及繁殖處。

❸ 花細小，花主要顏色來自6片黃綠色的花瓣狀結構 (稱為花被片)；花通常具9枚發育雄蕊和3枚退化雄蕊。雌蕊頂部為柱頭呈球形表面無毛，長約1毫米。

❹ 花的標本照片。從標本記錄可見，花梗長約1至2毫米，表面無毛。

❺ 果實的標本照片。果托和梗呈杯狀，長約5毫米。

❻ 果實為漿果，未成熟時呈綠色。

❼ 樟樹生命力旺盛，如中國、日本都有樹齡超過百年、甚至千年以上的巨木古樹。在香港，分別可在大嶼山和荔枝窩找到樹齡超過100歲以上的古樟樹。攝於沙頭角萬屋邊。

❽ 常綠大喬木，主幹高度可達30米，直徑可達3米，樹冠廣展呈闊傘狀。攝於東鐵線大學站附近。

植物在中大

在VR虛擬環境中觀賞真實品種

3D植物模型

掃描QR code觀察立體結構

參考文獻

1. Sobhy, S., Al-Askar, A. A., Bakhiet, E. K., Elsharkawy, M. M., Arishi, A. A., Behiry, S. I., & Abdelkhalek, A.(2023) Phytochemical characterization and antifungal efficacy of Camphor (*Cinnamomum camphora* L.) extract against phytopathogenic fungi. *Separations 10*(3), Article 189. https://doi.org/10.3390/separations10030189

陰香

中文常用名稱： **陰香**

英文常用名稱： **Cinnamon Tree, Batavia Cinnamon**

學名 ： *Cinnamomum burmannii* (Nees & T. Nees) Blume

科名 ： **樟科 Lauraceae**

關於陰香

陰香在香港有原生群落的分布，常見於山坡的次生林及優化林。原產地中國中南部，南至印尼一帶地區。因其適應力強，容易栽培，市場供應便利，在市區公園及路旁常見。樹皮或葉可提煉芳香油，名為廣桂油，用於化妝品及食品。陰香皮亦是中藥，溫中止痛、祛風散寒、解毒消腫。陰香葉可治創傷出血。木材紋理通直，耐腐，縱切面材色光鮮，為良好家具木材，商品稱為桂木、九春等，較細的枝條是優質的炭材。

基本特徵資料

生長形態

常綠喬木 Evergreen Tree

樹幹

- 灰褐色或深灰褐色 Greyish brown or fuscous
- 具條紋 Striated
- 沒有剝落 Not flaky

葉

- 葉序：互生或近對生 Alternate or subopposite
- 複葉狀態：單葉 Simple leaf
- 葉邊緣：不具齒 Teeth absent
- 葉形：橢圓形或橢圓狀披針形，兩端尖細
  Elliptic or elliptic lanceolate with pointed ends
- 葉質地：革質 Leathery

花

- 主要顏色：綠白色 Greenish white ◯
- 出現期：

1	2	3	4	5	6	7	8	9	10	11	12

果

- 形狀：長圓狀 Obloid
- 主要顏色：熟後紫黑色
  Purplish black when ripe ●
- 出現期：

1	2	3	4	5	6	7	8	9	10	11	12

其他辨認特徵

- 葉片有氣味
- 葉片離基三出脈

❶ 花序於枝條與葉柄之間或較接近枝條頂端的
　位置生長。

❷ 末端為聚傘花序，具3朵花。

❸ 漿果狀核果細小，只有約5至8毫米。

❹ 陰香果實常被真菌粉實病所侵害，產生畸形
　外表，呈紅褐色。

❺ 常綠喬木，常為行道樹。

❻ 在市區園圃生長時的形態。

❼ 陰香也是常見於郊區、林地生長的物種。

③

④

植物在中大 在VR虛擬環境中觀賞真實品種

3D植物模型 掃描QR code觀察立體結構

參考文獻

1. Atmanto, D., & Nursetiawati, S. (2019). Local community empowerment in developing processing of cinnamon essential oil (*Cinnamomum burmannii*) as a skin care material. *Journal of Physics: Conference Series, 1402*(2), Article 022094. https://doi.org/10.1088/1742-6596/1402/2/022094

2. Fu, C. -H., Lin, J. -C., Liu, L. -C., Wang, S. -H., & Lin, Y. -J. (2022). A study on properties of charcoal producing from alien tree species: *Cinnamomum burmannii. Forests, 13*(9), Article 1412. https://doi.org/10.3390/f13091412

3. Ma, Q., Ma, R., Su, P., Jin, B., Guo, J., Tang, J., Chen, T., Zeng, W., Lai, C., Ling, F., Yao, Y., & Cui, G. (2022). Elucidation of the essential oil biosynthetic pathways in *Cinnamomum burmannii* through identification of six terpene synthases. *Plant Science, 317*, Article 111203. https://doi.org/10.1016/j.plantsci.2022.111203

梅葉冬青

中文常用名稱： **梅葉冬青、崗梅、點秤星**
英文常用名稱： Rough-leaved Holly, Plum-leaved Holly
學名 ： *Ilex asprella* (Hook. & Arn.) Champ. ex Benth.
科名 ： **冬青科** Aquifoliaceae

關於梅葉冬青

梅葉冬青是香港冬青科最常見的品種，林緣常見其野生群落，葉子與梅葉相似，可能因此得梅葉冬青之名。深色莖皮上密布白色皮孔，像舊式秤砣的白色刻度，故又名秤星樹。本種的根、葉入藥，有清熱解毒、生津止渴、消腫散瘀之功效。其根部是中藥崗梅根，感冒的方劑常有配伍使用，廿四味的成分亦常見有崗梅根。

基本特徵資料

生長形態

落葉灌木 Deciduous Shrub

樹幹

- 深褐色的 Dark brown
- 不具條紋 Not striated
- 沒有剝落 Not flaky

卵形

葉

- 葉序：互生 Alternate
- 複葉狀態：單葉 Simple leaf
- 葉邊緣：具齒 Teeth present
- 葉形：卵形或狹橢圓形 Ovate or narrowly elliptic
- 葉質地：膜質 Membranous

花

- 主要顏色：白色 White ○
- 花期： 1 2 3 **4 5** 6 7 8 9 10 11 12

果

- 形狀：球狀 Globose
- 主要顏色：黑色 Black ●
- 果期： 1 2 3 **4 5 6 7 8 9 10** 11 12

其他辨認特徵

- 深色枝條上可見明顯的白色皮孔

❶ 崗梅名稱的由來源於梅葉冬青的葉片像梅的葉子。

❷ 白色花冠，4至5片近圓形的花瓣組成，具4或5枚雄蕊，雄蕊頂端部分長圓狀，長約1毫米。

❸ 雄花2或3花朵為一束，生長於葉腋或鱗片腋內；花梗長4至9毫米。

❹ 雌花花梗長1至2厘米，花瓣近圓形，長約2毫米，基部合生。花冠具有4枚退化雄蕊，長約1毫米，不育花藥呈短箭矢狀；雌蕊子房直徑約1.5毫米，柱頭呈盤狀。

❺❻❼ 未成熟的果實呈綠色。果實直徑約5至7毫米，頂端仍具有雌蕊部分，近果梗位置仍有花萼，具緣毛。

❽ 果實為漿果狀核果，成熟時黑色。

❾ 樹身可高達3米。

❿ 香港原生植物，生於林地灌叢中。

植物在中大

在VR虛擬環境中觀賞真實品種

３Ｄ植物模型

掃描QR code觀察立體結構

參考文獻

1. Kong, B. L. -H. Nong, W., Wong, K. -H. Law, S. T. -S. So, W. -L., Chan, J. J. -S. Zhang, J., Lau, T. -W. D. Hui, J. H. -L. & Shaw, P. -C. (2022). Chromosomal level genome of *Ilex asprella* and insight into antiviral triterpenoid pathway. *Genomics, 114*(3), 110366. https://doi.org/10.1016/j.ygeno.2022.110366

2. Yang, X., Gao, X., Du, B., Zhao, F., Feng, X., Zhang, H., Zhu, Z., Xing, J., Han, Z., Tu, P., & Chai, X. (2018). *Ilex asprella* aqueous extracts exert in vivo anti-inflammatory effects by regulating the NF-κB, JAK2/STAT3, and MAPK signaling pathways. *Journal of Ethnopharmacology, 225*, 234–243. https://doi.org/10.1016/j.jep.2018.06.037

簕杜鵑

中文常用名稱： **簕杜鵑、葉子花、毛寶巾**
英文常用名稱： Brazil Bougainvillea, Beautiful Bongainvillea
學名　　　　： *Bougainvillea spectabilis* Willd.
科名　　　　： **紫茉莉科** Nyctaginaceae

關於簕杜鵑

簕杜鵑是本種較常用之名稱，原產地巴西，在中國南方已廣泛栽培成觀賞種，其分枝生長能力強，可修剪成不同造型，如動物、花球等。在庭園設計上，可成主角或配角。但缺點是修剪保養費較高，莖具刺，易傷及觀賞者。本種一直有潛在藥效，近年有研究發現其葉含有治療風濕關節炎的有效成分。

基本特徵資料

生長形態

常綠攀緣狀灌木 Evergreen Scandent Shrub

樹幹 🪵

- 淺褐色 Pale brown
- 具裂紋 Fissured
- 具皮刺 Prickle present

葉 🍃

- 葉序：互生 Alternate
- 複葉狀態：單葉 Simple leaf
- 葉邊緣：不具齒 Teeth absent
- 葉形：卵形 Ovate
- 葉質地：紙質 Papery

花 🌸

- 主要顏色：深紫紅色 Magenta ●
- 花期： 1 2 3 4 5 6 7 8 9 10 11 12

果 🫐

- 形狀：垂直橢圓球狀 Prolate ellipsoid
- 主要顏色：黑色 Black ●
- 果期： 1 2 3 4 **5 6 7 8** 9 10 11 12

編註：在本港較難看到果實，故不容易拍攝到其影像

其他辨認特徵

- 枝條有刺
- 苞片色彩鮮艷，狀似花瓣

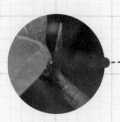

① 各種顏色的苞片：深紫紅色、纈草紫色、白色、杏色、粉紫紅中帶杏色。

② 這些顏色艷麗的花瓣狀結構其實是苞片，由於苞片是由葉子演化而來的結構，除了外形像一片葉外，一般還可清楚觀察到葉脈的存在，而苞片通常位於花朵的基部。

③ 一般一個花序只有3朵花和3塊苞片，每朵花由一片顏色艷麗的苞片托起。真正的花是中間的管狀結構，相對並不起眼，花由3片苞片包圍，因此又名「葉子花」或「三角梅」。

④ 中間白色管狀的結構，是由花被相連結合而構成，表面密被柔毛，長約1.6至2.4厘米，頂端分裂為5至6片。

⑤ 簕杜鵑不具花瓣，在進化的過程中，它的苞片取代了花瓣吸引傳粉者，招蜂引蝶幫助傳播花粉。

⑥ 引入園藝物種，常見於公園或廣場，園圃中常見的簕杜鵑在同一株上有2種以上的種顏色，原因是花農將不同顏色品種的簕杜鵑嫁接於同一株的枝莖上，令同一株簕杜鵑在成長後，具有混雜不同的顏色外觀和苞片數量。

⑦ 在陽光充足的地方，花葉茂盛地生長。攝於中大邵逸夫堂外。

⑧ 花朵盛放時，顏色奪目的苞片長滿懸垂的枝條，極具觀賞價值。攝於大埔鳳園村。

在VR虛擬環境中觀賞真實品種

掃描QR code觀察立體結構

植物在中大

3D植物模型

參考文獻

1. Ahmed, A. H., & Elkarim, A. S. A. (2021). Bioactive compounds with significant anti-rheumatoid arthritis effect isolated for the first time from leaves of *Bougainvillea spectabilis*. *Current Pharmaceutical Biotechnology, 22*(15). 2048–2053. https://doi.org/10.2174/1389201021666201229111825

2. Ferdous, A., Janta, R. A., Arpa, R. N., Afroze, M., Khan, M., & Moniruzzaman, M. (2020). The leaves of *Bougainvillea spectabilis* suppressed inflammation and nociception in vivo through the modulation of glutamatergic, cGMP, and ATP-sensitive K+ channel pathways. *Journal of Ethnopharmacology, 261*, Article 113148. https://doi.org/10.1016/j.jep.2020.113148

紅花羊蹄甲

中文常用名稱： **紅花羊蹄甲**
英文常用名稱： **Purple Camel's Foot**
學名　　　　： *Bauhinia purpurea* L.
科名　　　　： **豆科 Fabaceae**

關於紅花羊蹄甲

別名羊蹄甲、玲甲花，原產於亞洲地區，現時熱帶地區、非洲東南部及澳洲已廣泛種植，本種是中型的灌木或喬木。由於容易打理，且秋冬季節開花期長，合適作行道及觀賞樹。研究指出本種的莖皮可治療關節炎，提純的異黃酮可製止痛及抗精神病藥，但必須留意其根皮具劇毒，切勿混淆使用。在傳統中藥材及研究記錄亦發現其葉及種子均是天然藥物的來源。

基本特徵資料

生長形態

落葉喬木 Deciduous Tree

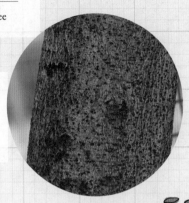

樹幹

- 灰色 Grey
- 不具裂紋 Not fissured
- 沒有剝落 Not flaky

葉

- 葉序：互生 Alternate
- 複葉狀態：單葉 Simple leaf
- 葉邊緣：不具齒 Teeth absent
- 葉形：羊蹄形 Goat's foot shaped
- 葉質地：紙質 Papery

花

- 主要顏色：淺櫻桃紅色 Cerise ●
- 花期： 1 2 3 4 5 6 7 8 9 **10 11 12**

果

- 形狀：帶狀 Strap-shaped
- 主要顏色：淺綠色，成熟時黑色
  Pale green, black when ripe ●
- 果期： **1 2 3** 4 5 6 7 8 9 10 11 **12**

其他辨認特徵

- 葉末端分裂成 2 邊鈍頭或半圓形，分裂的長度
  約 1/3 總葉長，葉片連接葉柄的部份為心形
- 發育完全的雄蕊 3 枚，其他雄蕊發育不完全，
  並且沒有花藥

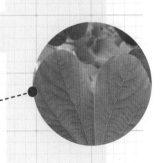

❶ 有5片花瓣，大小並不統一，能育的雄蕊3枚及雌蕊1枚。花瓣末端淺櫻桃紅色，近中央淺粉紅色或白色。

❷ 花通常生長在枝條側邊或頂端。

❸ 果實為莢果，成熟後向兩邊裂開，外殼呈扭曲狀態，可見有多枚種子。

❹ 果實未成熟時淺綠色。

❺ 作為外來物種，紅花羊蹄甲栽種在不少香港的大小公園、廣場及園圃內。由於花期不同，與其親緣相近的宮粉羊蹄甲及洋紫荊可產生季節交替的花色變化。

❻ 主幹不算粗壯，高度通常10米以內；有不少栽種為行道樹。

植物在中大

在VR虛擬環境中觀賞真實品種

3D植物模型

掃描QR code觀察立體結構

參考文獻

1. Kumar, S., Kumar, R., Gupta, Y. K., & Singh, S. (2019). *In vivo* anti-arthritic activity of *Bauhinia purpurea* Linn. Bark Extract. *Indian Journal of Pharmacology*, 51(1), 25–30. https://doi.org/10.4103/ijp.IJP_107_16

2. Shamala, T., Surendra, B. S., Chethana, M. V., Bolakatti, G., & Shanmukhappa, S. (2022). Extraction and isolation of Isoflavonoids from stem bark of *Bauhinia purpurea* (L): Its biological antipsychotic and analgesic activities. *Smart Materials in Medicine, 3*, 179–187. https://doi.org/10.1016/j.smaim.2022.01.004

九節

中文常用名稱： **九節、山大刀**
英文常用名稱： **Red Psychotria, Wild Coffee**
學名　　　　： *Psychotria asiatica* L.
科名　　　　： **茜草科 Rubiaceae**

關於九節

九節在南中國及東南亞有野生分布，不但是香港原生，在大部分次生林的低層亦十分常見。於密林較弱的光線下仍能茁壯成長，強光下反而不利生長。其花期在春夏季，帶來蜜源；果期在夏秋及冬季，果實水分豐富，成為森林的生態果物。草藥名為山大刀，民族藥用於治療感冒發熱或跌打損傷、蛇咬傷等。藥理研究發現其抗氧化及消炎功能，有助解釋傳統藥用的治療機制。

基本特徵資料

生長形態

常綠灌木 Evergreen Shrub

樹幹

- 褐色 Brown
- 不具裂紋 Not fissured
- 沒有剝落 Not flaky

葉

倒披針狀
橢圓形

- 葉序：對生 Opposite
- 複葉狀態：單葉 Simple leaf
- 葉邊緣：不具齒 Teeth absent
- 葉形：橢圓形或倒披針狀橢圓形，兩端尖細
  Elliptic or oblanceolate elliptic, with pointed ends
- 葉質地：薄革質 Thin leathery

花

- 主要顏色：淺黃綠色 Pale yellowish green ●
- 花期： 1 2 **3 4 5 6 7 8 9** 10 11 12

果

- 形狀：球狀 Globose
- 主要顏色：成熟時赤紅色 Crimson when ripe ●
- 果期： **1 2** 3 4 5 **6 7 8 9 10 11 12**

其他辨認特徵

- 枝條有很多明顯的節
- 中脈和側脈在葉面稍凹下，葉底凸起
- 對生葉中間位置具有托葉（像小葉片）

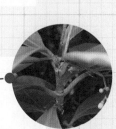

① 花非常細小，花冠淺黃綠色，長約2至3毫米。
花內部有白毛，在白毛圍繞下可見到雄蕊。

② 片狀花瓣三角形，長約2至2.5毫米，開花時
會反捲。

③ 雌蕊頂端分開左右兩邊。

④ 果實為核果，表面有條狀縱棱，成熟時赤紅色。

⑤ 果實未成熟時呈綠色。

⑥ 原生物種，常見於灌木叢、次生林、風水林、山
坡及山谷溪邊。圖中植株位於大潭郊野公園。

⑦ 九節在郊區向陽坡生長時的形態。

植物在中大

在VR虛擬環境中觀賞真實品種

3D植物模型

掃描QR code觀察立體結構

參考文獻

1. Huang, W., Zhang, S. -B., Zhang, J. -L., & Hu, H. (2015). Photoinhibition of photosystem I under high light in the shade-established tropical tree species *Psychotria rubra*. Frontiers in Plant Science, 6(September), Article 801. https://doi.org/10.3389/fpls.2015.00801

2. Jin, K. -S., Kwon, H. J., & Kim, B. W. (2014). Anti-oxidative and anti-inflammatory effects of *Malus huphensis*, *Ophiorrhiza cantonensis*, and *Psychotria rubra* ethanol extracts. *Korean Journal of Microbiology and Biotechnology, 42*(3), 275–284. https://doi.org/10.4014/kjmb.1404.04006

假蘋婆

中文常用名稱： **假蘋婆**

英文常用名稱： **Lance-leaved Sterculia, Scarlet Sterculia**

學名　　　： *Sterculia lanceolata* Cav.

科名　　　： **錦葵科 Malvaceae**

關於假蘋婆

假蘋婆在香港及華南地區分布非常廣泛，常見於低地的次生林、河谷生境。本種是構成樹林喬木層的常見品種，市區公園亦有栽培。其莖皮可造紙及纖維原材料，雖有民間藥用相傳的記錄，其醫學科研較少，但本種的分子生物學研究有助發掘及證實其藥效機制。

假蘋婆的「假」，意思是很像「真」的蘋婆，蘋婆是同為蘋婆屬的植物 *Sterculia monosperma* Vent.，又名鳳眼果、七姐果。種子蒸熟後可食用，七姐誕前後在部分街市可找到。比較兩者，假蘋婆的葉片通常較細，果實通常是5個相連，種子亦較小；而蘋婆果實通常一對生長，種子較大。

基本特徵資料

生長形態

落葉喬木 Deciduous Tree

樹幹 𖢂

- 灰褐色 Greyish brown
- 具條紋 Striated
- 沒有剝落 Not flaky

葉 🍃

- 葉序：互生 Alternate
- 複葉狀態：單葉 Simple leaf
- 葉邊緣：不具齒 Teeth absent
- 常見葉形：橢圓形、窄橢圓形或倒披針形
  Elliptic, narrowly elliptic or oblanceolate
- 葉質地：革質 Leathery

橢圓形　窄橢圓形

倒披針形

花 🌸

- 主要顏色：桃色 Peach
- 花期： 1 2 3 **4 5** 6 7 8 9 10 11 12

果 🍈

- 形狀：長卵狀或垂直橢圓狀
  Long-ovate or prolate ellipsoid
- 主要顏色：橙紅色 Orange red ●
- 果期： 1 2 3 4 5 6 7 **8 9** 10 11 12

其他辨認特徵

- 葉底網脈明顯凸起
- 葉柄兩端腫脹

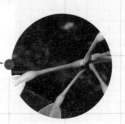

❶❷❸❹❺ 葉形多變，從橢圓形至倒披針形。

❻ 花細小，分雌雄花，雌雄共生長在同一植株上。花通常生長在葉柄與枝條之間的葉腋位置，花密集且多分枝。

❼ 沒有花冠，只有5枚桃色的萼片，向外展開看似星形，每片長約4至6毫米，花上布滿毛。雌花的子房圓球形，花柱彎曲，柱頭雖然分裂成5邊，但不明顯。

❽ 果實為聚合蓇葖果，通常有4至5瓣，每瓣長約5至7厘米；頂端有鳥喙般的結構，成熟後只會沿一邊裂開，露出烏黑的種子，每一瓣有2至8顆種子，種子長約1厘米。

❾ 果實未成熟時綠色，以放射狀如海星般著生，開始熟時轉為黃色，成熟時變為橙紅色。

❿ 主幹高大，可達20米，枝葉非常茂密。

⓫ 近年來，也有不少植株栽種作為市區行道樹，春季花期時樹上開滿似星星般的桃色小花。圖中植株位於筲箕灣香港海防博物館附近。

⓬ 原生物種，非常適應香港的氣候，在自然傳播及生長的情況下，都可發展成健康的植株。

植物在中大

在VR虛擬環境中觀賞真實品種

３Ｄ植物模型

掃描QR code觀察立體結構

參考文獻

1. 黃柳菁、張榮京、王發國、鄭希龍、陳紅鋒、邢福武（2010）。〈澳門青洲山白楸＋假蘋婆＋破布葉群落特徵研究〉。《武漢植物學研究》，28（1），81–89。

2. Eom, S. H. & Na, J. -K. (2019). Leaf transcriptome data of two tropical medicinal plants: *Sterculia lanceolata* and *Clausena excavata*. *Data in brief, 25*, Article 104297. https://doi.org/10.1016/j.dib.2019.104297

3. Eum, S. M., Kim, S. -Y., Hong, J. S., Roy, N. S., Choi, S., Paik, J., Lee, S. W., Tran, T. B., Do, V. H., Kim, K. S., Seong, E. -S., & Park, K. -C. (2019). Transcriptome analysis and development of SSR markers of ethnobotanical plant *Sterculia lanceolata*. *Tree Genetics and Genomes, 15*(3), Article 37. https://doi.org/10.1007/s11295-019-1348-3

高山榕

中文常用名稱：	**高山榕、雞榕**
英文常用名稱：	**Mountain Fig, Lofty Fig**
學名 ：	*Ficus altissima* Blume
科名 ：	**桑科 Moraceae**

關於高山榕

原產地中國中南部、印度、泰國、越南等地，引種作為
觀賞及行道樹。本種可長成大型喬木，高達30米。其
榕果多而密集，具可供雀鳥食用及榕小蜂共存的生態價
值。但作為公園的觀賞種，榕果掉落的部分或鳥類的
糞便會增加林底設施的清潔及保養費用，因此應考量種
植位置而使公園或市區樹木生得以持續發展。本種
的樹液可提煉天然橡膠，其樹林亦可養植膠蟲，提取紅
色色素。高山榕是集合生態及經濟價值於一身的品種。

基本特徵資料

生長形態

常綠大型喬木 Evergreen Large Tree

樹幹 🐾

- 灰色 Grey
- 不具裂紋 Not fissured
- 沒有剝落 Not flaky

橢圓形 / 卵形

葉 🍃

- 葉序：互生 Alternate
- 複葉狀態：單葉 Simple leaf
- 葉邊緣：不具齒 Teeth absent
- 葉形：卵形或橢圓形 Ovate or elliptic
- 葉質地：厚革質 Thick leathery

花（隱頭花序）🌸

- 主要顏色：黃綠色 Yellowish green ⬤
- 花期： 1 2 **3 4 5 6 7 8 9 10** 11 12

果（隱頭果序）🫚

- 形狀：卵形橢圓狀 Ovate ellipsoid
- 主要顏色：成熟時硃砂色 Cinnabar when ripe ⬤
- 果期： 1 2 **3 4 5 6 7 8 9 10** 11 12

其他辨認特徵

- 有白色汁液
- 葉面深綠色，葉脈明顯
- 長有氣根

1 外來引入物種常作為園藝，常見於公園或廣場花圃。茂密的枝葉除了美觀外，亦有淨化空氣、阻擋沙塵、降低溫度以及改善空氣質素的功能，攝於維多利亞公園，植株為古樹名木。

2 主幹可高達30米，直徑可達90厘米，樹冠寬大而濃密。攝於中大圖書館道。

3 米黃色的托葉革質，外面有灰色絹絲狀毛，長約2至3厘米。

4 榕果生長在葉和枝條之間，直徑約17至28毫米，形成早期藏於風帽狀的苞片內。

5 榕果頂部有肚臍狀的凹入，色彩悅目，常吸引動物前來採食。

6 雄花、瘦花和雌花生長在同一榕果內，雖然是雌雄同株，雄花和雌花開花時間有別，避免在同一榕果內授粉，增加遺傳的多樣性。

7 氣根有一環一環的紋理。

8 氣根長達土壤後變為發達的支柱根。

植物在中大

在VR虛擬環境中觀賞真實品種

3D植物模型

掃描QR code觀察立體結構

參考文獻

1. Dai, L., Yang, H., Zhao, X., & Wang, L. (2021). Identification of cis conformation natural rubber and proteins in *Ficus altissima* Blume latex. *Plant Physiology and Biochemistry, 167*, 376–384. https://doi.org/10.1016/j.plaphy.2021.08.015

2. Hwisa, N. T., Chandu, B. R., Katakam, P., & Nama, S. (2013). Pharmacognostical studies on the leaves of *Ficus altissima* blume. *Journal of Applied Pharmaceutical Science, 3*(4SUPPL.1), S56–S58. https://doi.org/10.7324/JAPS.2013.34.S10

香港中文大學校園
100種植物導覽地圖

Ⓐ 嶺南山竹子 / p.2
Ⓑ 木麻黃 / p.6
Ⓒ 烏柿 / p.10
Ⓓ 白楸 / p.14
Ⓔ 台灣相思 / p.18
Ⓕ 銀柴 / p.22

Ⓖ 山油柑 / p.26
Ⓗ 對葉榕 / p.30
Ⓘ 印度橡樹 / p.34
Ⓙ 榕樹 / p.38
Ⓚ 青果榕 / p.42
Ⓛ 楊桃 / p.46
Ⓜ 幌傘楓 / p.50
Ⓝ 大葉合歡 / p.54
Ⓞ 圓柏 / p.58

伍宜孫書院　和聲書院　聯合書院
顧鑄華費肇芝伉儷樓
陳震夏宿舍
湯若望宿舍
第三至第四苑
士林路
鄭棟材樓
M
N
衛星遙感地面接收站
霍
胡忠圖書館
張祝珊師生康樂大樓
曾肇添樓
梁銶琚樓
水塔
新
聯合路
L
潤昌堂
李兆基樓
李達三葉耀珍伉儷樓
兆龍樓
U
碧秋樓
馮景禧樓
田家炳樓
大學圖書館
李達三樓
祖堯堂
中國文化研究所　文物館
大學行政樓
邵
大學道
保安交通中心
范克廉樓
W
往大埔
大學校門
富爾敦樓
Q
C
游泳池
巴士站
神學樓
容啟東校長紀念樓
漢園
李慧珍

可用流動裝置掃描二維碼，以使用即時身處位置標示地圖功能，協助尋找標示植物的位置

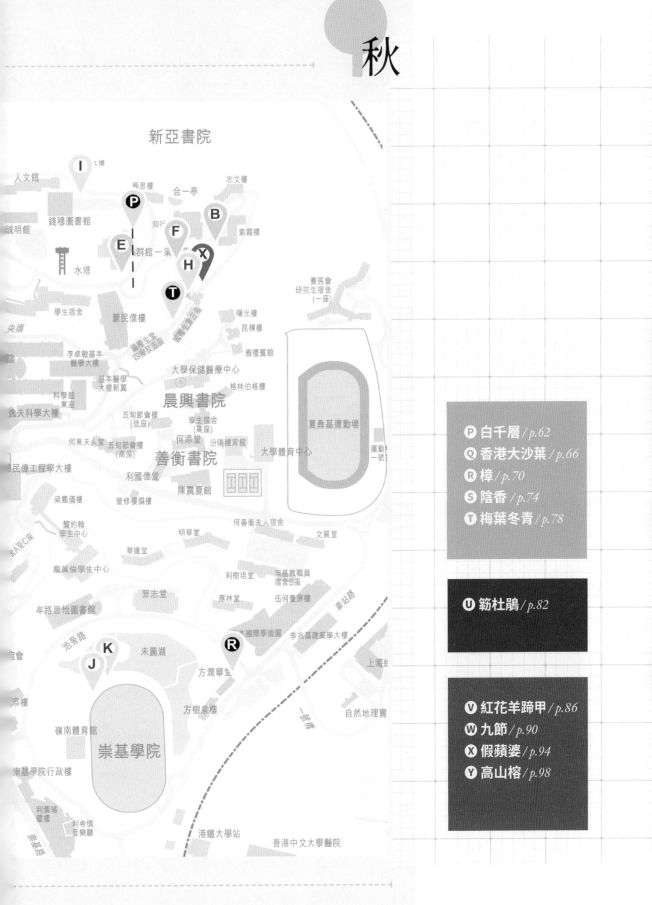

團隊簡介

劉大偉　作者

香港中文大學生命科學學院胡秀英植物標本館館長

植物學家，曾參與多項有關植物分類學、草藥鑒定及藥理學的研究項目，專責管理「香港植物及植被」計劃。教研興趣包括本港生物多樣性、植物分類學、中藥鑒定及草藥園藝。

王天行　作者、編輯

香港中文大學生命科學學院胡秀英植物標本館教育經理

畢業於千禧年代的香港中文大學生物系，在STEAM教育工作有豐富經驗，曾參與建立香港植物及植被數據庫。十多年來製作或參與多個大型科普教育平台和教育計劃，希望透過科普教育將植物的科學知識傳遞給市民大眾，是胡秀英植物標本館「植物學STEAM教育計劃」的成員。

吳欣娘　作者

香港中文大學生命科學學院胡秀英植物標本館教研助理

畢業於香港科技大學。從小已對動植物感到好奇，愛在公園、山頭野嶺四處走動，喜愛繪畫和攝影以記下自然中的美。在館內參與關於植物的教研工作，「一沙一世界，一花一天堂」，希望透過本書令大眾及植物愛好者更認識和欣賞一直陪伴在我們身邊的一草一木。

王顥霖　3D 模型繪圖師

香港中文大學生命科學學院胡秀英植物標本館科研統籌員

香港大學環境管理碩士，日常工作涉及野外植物觀察和記錄、植物標本採集、植物辨識和鑒定等。研究範疇包括以3D技術記錄植物果實和種子的外形結構特徵，並建立虛擬3D果實種子資料庫。曾參與籌備的科研教育活動，包括VR植物研習徑、中小學植物學習課程等。

鳴 謝

贊助出版

伍絜宜慈善基金

協助及出版

香港中文大學出版社
編輯：冼懿穎
美術統籌：曹芷昕
插畫及排版：陳素珊

文字整理及編輯協助

李志皓	梁焯彥
李榮杰	湯文英
吳美寶	黃思恆
紀諾儀	葉芷瑜

植物照片拍攝

王天行	陳耀文
王曉欣	湯文英
王顯霖	曾淳琪
吳欣娘	黃思恆
李志皓	黃鈞豪
李敏貞	葉芷瑜
周祥明	劉大偉

虛擬植物生長環境拍攝

王天行
湯文英
黃思恆
葉芷瑜

（人名按筆劃排序）